商业短视频从小白到大师

商业短视频 后期剪辑技巧 干货98招

王瑞麟◎编著

化学工业出版社
·北京·

内 容 简 介

20 多个抖音、快手热门案例，手把手教你制作火爆短视频；78 个手机教学视频，扫描二维码查看后期制作的全部过程。

14 个专题内容，从短视频的基本操作、视频剪辑、调色滤镜、视频过渡、音频剪辑、文字编辑、卡点案例、特效案例、变身案例以及 5 大综合案例等角度，帮助大家从新手成为短视频高手。

98 个纯高手干货技巧，从基础剪辑技巧到进阶案例剪辑，再到综合案例剪辑，一本书教你轻松玩转短视频，解决短视频剪辑的核心问题，完成从小白到达人的转变，及时收获短视频的流量红利。

本书适合所有爱好短视频后期剪辑的人、想要寻求突破的短视频后期制作人员，特别适合进军抖音、快手等平台的短视频玩家、创业者、MCN 机构或者相关企业，也可以作为商业短视频后期剪辑的相关教材。

图书在版编目（CIP）数据

商业短视频后期剪辑技巧干货98招 / 王瑞麟编著. —北京：化学工业出版社，2021.5
（商业短视频从小白到大师）
ISBN 978-7-122-38746-2

Ⅰ. ①商… Ⅱ. ①王… Ⅲ. ①视频制作 Ⅳ. ①TN948.4

中国版本图书馆CIP数据核字（2021）第047864号

责任编辑：李　辰　孙　炜　　装帧设计：盟诺文化
责任校对：张雨彤　　封面设计：异一设计

出版发行：化学工业出版社（北京市东城区青年湖南街 13 号　邮政编码 100011）
印　　装：北京瑞禾彩色印刷有限公司
710mm×1000mm 1/16　印张 15¼　字数 307 千字　2021 年 6 月北京第 1 版第 1 次印刷

购书咨询：010-64518888　　售后服务：010-64518899
网　　址：http：//www.cip.com.cn
凡购买本书，如有缺损质量问题，本社销售中心负责调换。

定　价：68.00 元

前 言

短视频作为当前最火热的一种新兴传播形式，因其时长短、内容少、简单明快，能让大家利用碎片化的时间获取信息、休闲娱乐，而受到大众的广泛欢迎。因为拥有视频和音频的多维度信息，短视频让人感觉更加真实，拉近了传播的距离，让情感和信息的传递变得更加容易。

虽然现在市场上有很多关于短视频的书籍，但大部分都是专注于短视频的运营和变现，真正介绍商业短视频后期剪辑的书非常少。鉴于此，笔者根据自己多年的短视频实操经验，同时收集整理了大量的抖音和快手中的热门爆款短视频作品，结合这些实战案例策划和编写了这本书，希望能够帮助大家提升自己的短视频后期技能。

一、商业短视频入门技能

短视频入门技能是短视频后期剪辑的基础，主要包括基本操作、视频剪辑、调色滤镜、视频过渡、音频剪辑及文字编辑六大内容。

（1）基础剪辑：用户在剪辑视频前，先要对剪辑的应用有一定的了解，认识剪映界面、导入素材的方法、工具区域，以及一些功能的使用方法，能够快速掌握剪辑的基本技巧。

（2）视频剪辑：剪辑工具的使用、功能的认识，以及使用了该功能后能够得到怎样的效果等，都是用户在剪辑前需要了解的，能够轻松快速地面对高难度商业短视频的剪辑。

（3）调色滤镜：调色也是非常考验后期技术的一门课，添加滤镜和对不同场景进行不同的调节，能够提高视频影调。

（4）视频过渡：视频过渡的方法也有很多，如基础转场、运镜转场、MG 转场及动画转场等，每一种转场都有其独特的魅力，用户可以根据短视频的风格选择合适的转场效果，让短视频能够自然流畅。

（5）音频剪辑：音频是短视频中非常重要的一个元素，是短视频的点睛之笔。

用户既可以为短视频添加背景音乐，也可以为短视频添加旁白，还可以对添加的音乐或者旁白进行降噪、淡化及变声处理，让短视频不仅在视觉上丰富，而且能够在听觉上得到享受。

（6）文字编辑：文字能够让观众快速了解视频内容。在商业短视频里，文字是必不可少的，用户可以在短视频内添加花字、文字气泡、贴纸及动画等，让视频给观众留下深刻的印象。

二、商业短视频进阶案例

进阶案例主要介绍一些简单、实用、热门的短视频制作方法，让读者能够快速制作出获得百万点赞的短视频。

（1）卡点案例：卡点短视频是一种非常火爆的短视频类型，选取的案例非常经典，其制作方法也很简单，帮助读者轻松制作出热门案例。

（2）特效案例：让树叶快速变色、凌波微步、在空中行走，以及希区柯克式变焦等，帮助读者制作出电影中经常出现的画面效果。

（3）变身案例：Maria 色彩溶解变身、擦火柴自然效果变身、捂胸口星河特效变身及抬头动感闪白变身，使读者学会火爆全网的换装视频的制作方法。

三、商业短视频综合案例

综合案例是更高级的内容讲解，制作方法更为复杂，但讲解过程也更为详细，即使碰到再难的短视频也能轻松制作。

（1）分身案例：这部分内容主要从 5 个方面介绍《遇见另一个自己》短视频的制作方法，从视频素材的拍摄到添加滤镜、音乐及字幕等，每一步都有详细介绍。

（2）趣味案例：这部分内容主要介绍《朋友圈九宫格》短视频的制作方法，让朋友圈“动起来”。

（3）创意案例：这部分内容主要介绍《流水成沙》短视频的制作方法，只需拍摄两段视频素材，就能制作出创意十足的短视频。

（4）文艺案例：文艺短视频也是非常热门的一种短视频类型，这部分主要以文艺小清新的画面搭配伤感的背景音乐，打造伤感文艺短视频作品。

（5）电影案例：这部分主要介绍《无间道》电影片头的制作方法，帮助读者制作出炫酷的电影片头。

特别提示：本书在编写时，是基于当前剪映App软件截取的实际操作图片，但是从编辑到出版需要一段时间，在这段时间内，软件界面与功能会有调整与变化，比如有的内容删除了，有的内容增加了，这是软件开发商所做的软件更新，请读者在阅读本书时，根据书中的思路，举一反三，进行学习。另外，书中部分效果有些模糊是因为在剪映App中进行剪辑后，视频的画质受到压缩所致，望广大读者谅解。

本书由王瑞麟编著，参与编写的人员还有陈小芳等人，在此表示感谢。由于作者知识水平有限，书中难免存在疏漏之处，恳请广大读者批评指正，微信：2633228153。

王瑞麟

目 录

第 1 章　基本操作：9 个技巧让你轻松入门剪辑

第 2 章　视频剪辑：9 个技巧帮你留下精彩瞬间

第 3 章　调色滤镜：11 个技巧增强你的视频影调

第 6 章　文字编辑：11 个技巧留给观众深刻印象

第 7 章　卡点案例：5 个卡点效果制作动感视频

第 8 章　特效案例：5 个炫酷效果制作电影大片

第 9 章　变身案例：4 个变身效果打造超火换装

第 10 章　《遇见另一个自己》分身案例：5 个技巧让你遇见自己

第 11 章　《朋友圈九宫格》趣味案例：5 个技巧制作火爆短视频

第 12 章　《流水成沙》创意案例：5 个技巧助你打造神奇短视频

第 13 章 《小清新》文艺案例：5 个技巧教你制作伤感的短视频

第 14 章 《无间道》电影案例：5 个技巧制作炫酷的大片短视频

第 1 章

基本操作：9 个技巧让你轻松入门剪辑

拍摄好视频素材后，不一定所有的素材都是有用的。一个好的短视频作品，通常都是后期优秀剪辑的结果。本章以剪映 App 为例，介绍剪映界面、导入素材、缩放轨道、工具区域、三屏背景、磨皮瘦脸、基础特效及视频完成等 9 个入门剪辑的基本操作方法，帮助大家快速掌握剪辑的基本操作方法。

剪映界面：快速认识后期剪辑

剪映 App 是一款功能非常全面的手机剪辑软件，能够让用户在手机上轻松完成短视频剪辑。在手机屏幕上点击剪映图标，打开剪映 App，如图 1–1 所示。进入“剪映”主界面，点击“开始创作”按钮，如图 1–2 所示。

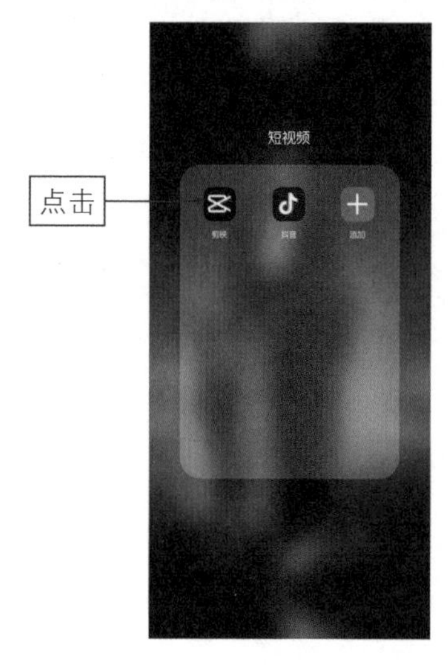

图 1–1　点击剪映图标

图 1–2　点击“开始创作”按钮

进入“照片视频”界面，在其中选择相应的视频或者照片素材，如图 1–3 所示。

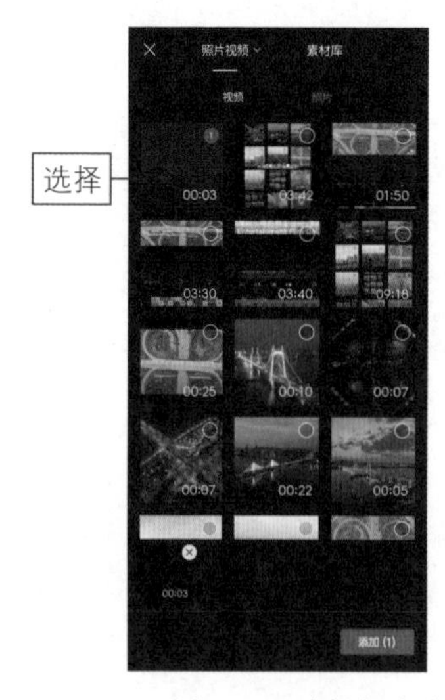

图 1–3　选择相应的视频或者照片素材

点击“添加”按钮，即可成功导入相应的照片或者视频素材，并进入编辑界面，其界面组成如图 1–4 所示。

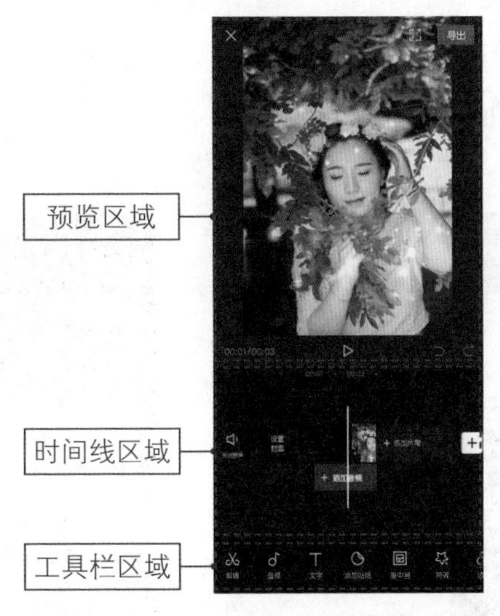

图 1-4　编辑界面的组成

预览区域左下角的时间表示当前时长和视频的总时长。点击预览区域右上角的按钮，可全屏预览视频效果，如图 1–5 所示。点击按钮，即可播放视频，如图 1–6 所示。

图 1-5　全屏预览视频效果

图 1-6　播放视频

扫码看教程

进行视频编辑操作后，点击预览区域右下角的撤回按钮，即可撤销上一步的操作。

导入素材：增加视频的丰富度

认识了剪映 App 的操作界面后，下面开始学习如何导入素材。在时间线区域的视频轨道上点击右侧的[+]按钮，如图 1-7 所示。进入“照片视频”界面，在其中选择相应的视频或者照片素材，如图 1-8 所示。

图 1-7　点击相应按钮

图 1-8　选择相应素材

点击“添加”按钮，即可在时间线区域的视频轨道上添加一个新的视频素材，如图 1-9 所示。

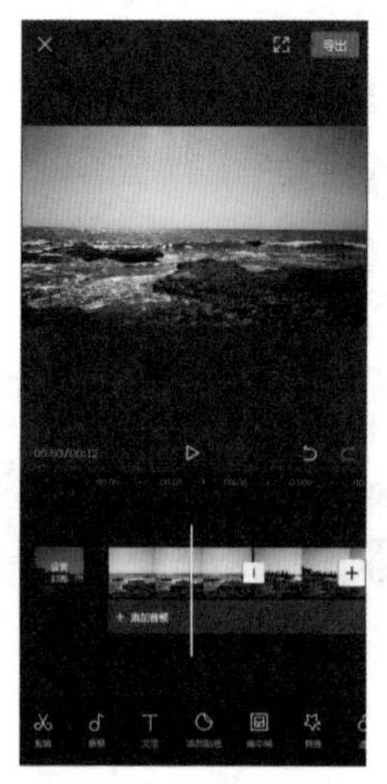

图 1-9　添加新的视频素材

除了以上导入素材的方法，用户还可以点击“开始创作”按钮，进入“照片视频”界面，在“照片视频”界面中点击“素材库”按钮，图 1-10 所示。进入该界面后，可以看到剪映素材库中内置了丰富的素材，向上滑动屏幕，可以看到有黑白场、插入动画、绿幕及蒸汽波等，如图 1-11 所示。

图 1-10　点击“素材库”按钮

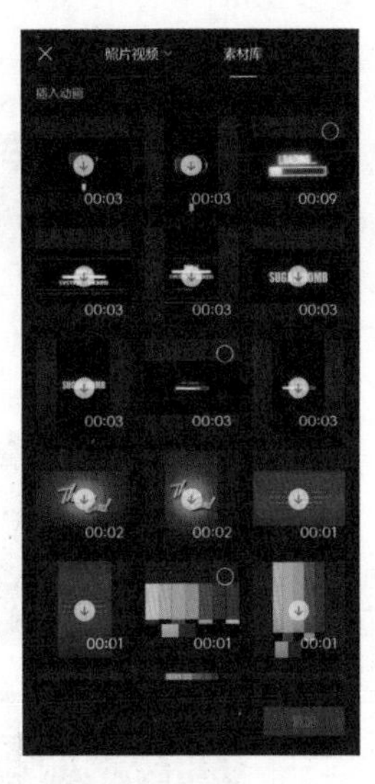

图 1-11　“素材库”界面

例如，用户想要制作一个春节倒计时的片头，❶ 选择片头进度条素材片段；❷ 点击“添加”按钮，即可把素材添加到视频轨道中，如图 1-12 所示。

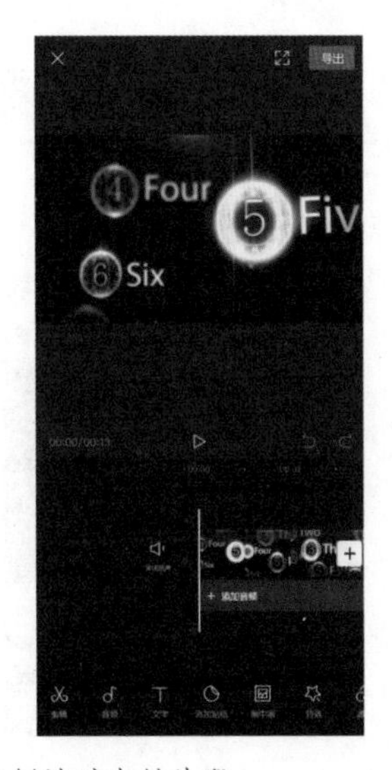

图 1-12　添加春节倒计时素材片段

扫码看教程

缩放轨道：方便视频精细剪辑

在时间线区域中，有一根白色的垂直线条，称为时间轴，上面为时间刻度，可以在时间线上任意滑动视频，查看导入的视频或者效果。在时间线上可以看到视频轨道和音频轨道，还可以增加字幕轨道，如图 1–13 所示。

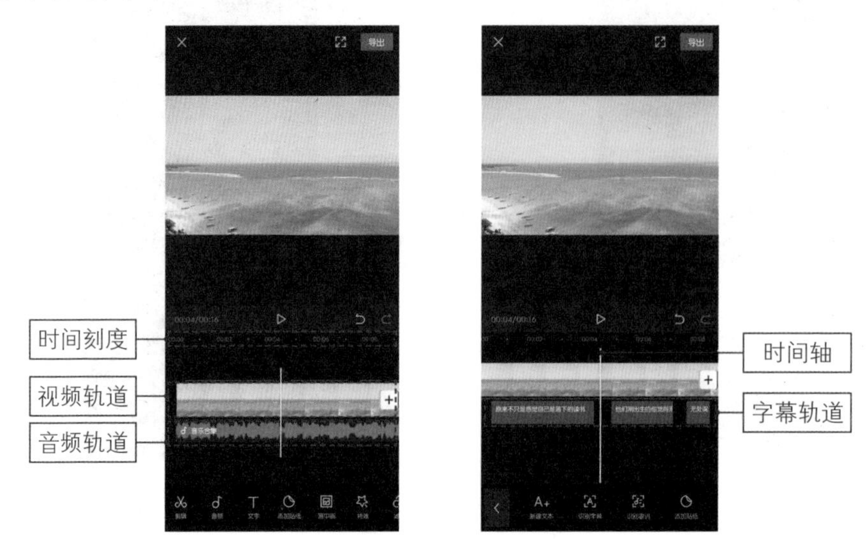

图 1–13　时间线区域

用双指在视频轨道上捏合，可以缩放时间线的大小，如图 1–14 所示。

图 1–14　缩放时间线的大小

扫码看教程

工具栏区域：多功能多层次剪辑

剪映 App 的所有剪辑工具都在底部，非常方便快捷。在工具栏区域中，不进行任何操作时，可以看到一级工具栏，其中有剪辑、音频及文字等功能，如图 1–15 所示。

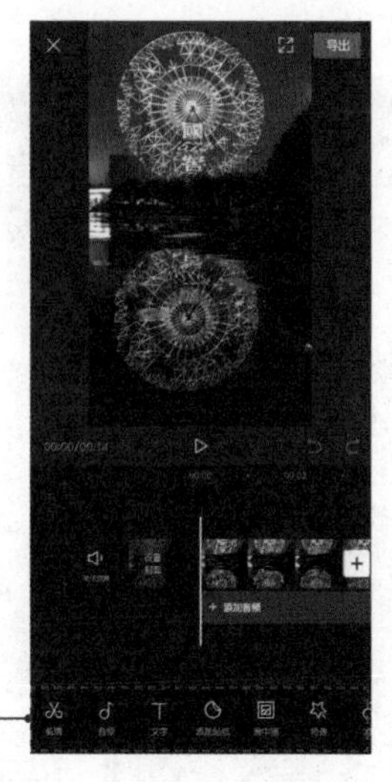

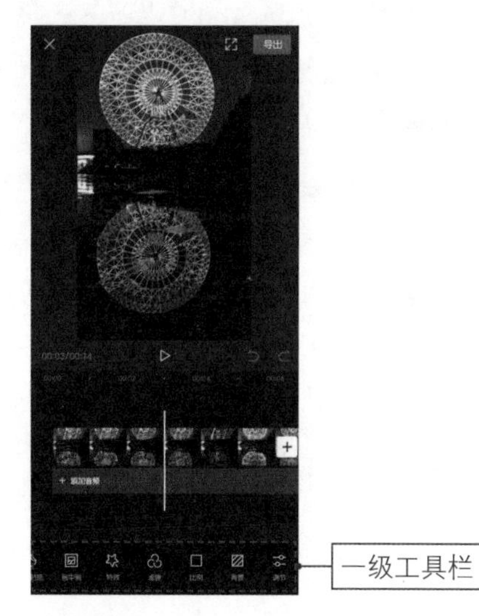

图 1–15　一级工具栏

例如，点击“剪辑”按钮，可以进入“剪辑”二级工具栏，如图 1–16 所示；点击“音频”按钮，可以进入“音频”二级工具栏，如图 1–17 所示。

图 1–16　“剪辑”二级工具栏

图 1–17　“音频”二级工具栏

扫码看教程

三屏背景：更能吸引观众眼球

三联屏背景是抖音上非常火爆的一种短视频类型，它可以让横版的视频变成竖版的视频，更能吸引观众的目光。下面介绍使用剪映 App 制作三联屏背景短视频的操作方法。

步骤 01 在剪映 App 中导入一个视频素材，并添加合适的背景音乐，点击底部的“比例”按钮，如图 1-18 所示。

步骤 02 调出比例菜单，选择 9∶16 选项，调整屏幕显示比例，如图 1-19 所示。

步骤 03 返回主界面，点击“背景”按钮，如图 1-20 所示。

步骤 04 进入背景编辑界面，点击“画布颜色”按钮，如图 1-21 所示。

图 1-18　点击“比例”按钮

图 1-19　选择 9∶16 选项

图 1-20　点击“背景”按钮

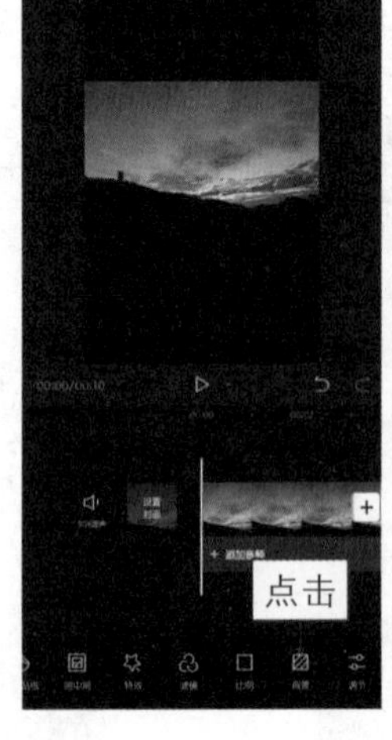

图 1-21　点击“画布颜色”按钮

步骤 05 调出“画布颜色”菜单，用户可以在其中选择合适的背景颜色，如图 1–22 所示。

步骤 06 在背景编辑界面点击“画布样式”按钮调出相应菜单，如图 1–23 所示。

图 1–22　选择背景颜色

图 1–23　调出“画布样式”菜单

步骤 07 用户可以在下方选择默认的画布样式模板，如图 1–24 所示。

步骤 08 另外，用户也可以在“画布样式”菜单中点击按钮，进入“照片视频”界面，在其中选择合适的背景图片或者视频，如图 1–25 所示。

图 1–24　选择画布样式模板

图 1–25　选择背景图片或者视频

步骤 09 执行操作后，即可设置自定义的背景效果，如图 1-26 所示。

步骤 10 在背景编辑界面中点击“画布模糊”按钮调出相应菜单，选择合适的模糊程度，即可制作出抖音中非常火爆的分屏模糊背景视频效果，如图 1-27 所示。

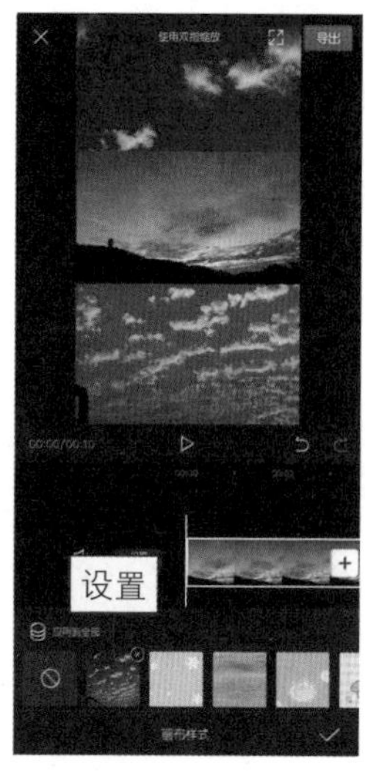

图 1-26　设置自定义的背景效果

图 1-27　选择合适的模糊程度

步骤 11 点击右上角的“导出”按钮，导出并预览视频。可以看到画面分为上、中、下三屏，上端和下端的分屏画面呈模糊状态显示，而中间的分屏画面则呈清晰状态显示，可以让画面主体更加聚焦，效果如图 1-28 所示。

图 1-28　导出并预览视频效果

扫码看教程

扫码看视频效果

TIPS●
006

磨皮瘦脸：美化视频中的人物

剪映 App 除了能够对视频进行剪辑外，还能够对视频中的人物美颜。下面介绍使用剪映 App 的“美颜”功能，处理人物视频的操作方法。

步骤 01 在剪映 App 中导入一个素材，点击“剪辑”按钮，如图 1-29 所示。

步骤 02 在剪辑菜单中，点击“美颜”按钮，如图 1-30 所示。

步骤 03 执行操作后，调出“美颜”菜单，❶ 选择“磨皮”选项；❷ 适当向右拖曳滑块，使人物的皮肤更加细腻，如图 1-31 所示。

步骤 04 ❶ 选择“瘦脸”选项；❷ 适当向右拖曳滑块，使人物的脸型更加完美，如图 1-32 所示。

图 1-29　点击“剪辑”按钮

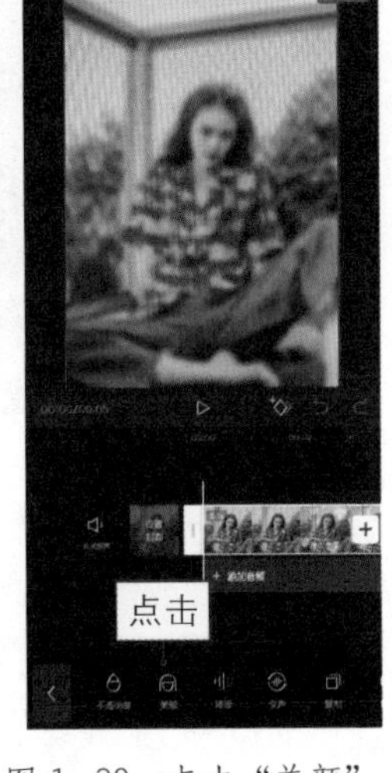

图 1-30　点击“美颜”按钮

图 1-31　调整“磨皮”选项

图 1-32　调整“瘦脸”选项

步骤 05 点击右上角的“导出”按钮，导出并预览视频，效果如图 1-33 所示。

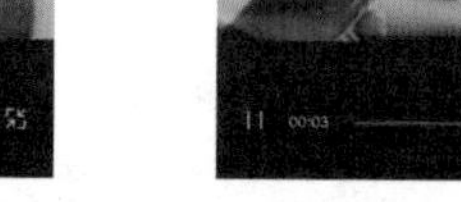

图 1-33　导出并预览视频效果

扫码看教程

扫码看视频效果

TIPS 007 基础特效：热门特效一网打尽

为短视频添加特效能够让短视频更具创意，剪映 App 中有基础、梦幻、动感、Bling 及光影等特效选项卡。下面介绍为短视频添加“基础”特效的操作方法。

步骤 01 在剪映 App 中导入一个素材，点击一级工具栏中的“特效”按钮，如图 1-34 所示。

步骤 02 在“基础”特效选项卡中，有开幕、开幕 II、变清晰、模糊、纵向模糊、电影感、电影画幅及聚光灯等特效预设，如图 1-35 所示。

图 1-34　点击“特效”按钮

图 1-35　“基础”特效选项卡

步骤 03 向上滑动选项卡，选择“电影感”特效，为视频添加一个开幕特效，如图 1–36 所示。

步骤 04 点击✓按钮添加特效，拖曳特效轨道右侧的白色拉杆，适当调整特效的持续时长，如图 1–37 所示。

图 1–36　选择“电影感”特效

图 1–37　调整特效的持续时长

步骤 05 点击«按钮返回，拖曳时间轴至起始位置，点击“新增特效”按钮，如图 1–38 所示。

步骤 06 在“基础”特效选项卡中，选择“渐隐闭幕”特效，如图 1–39 所示。

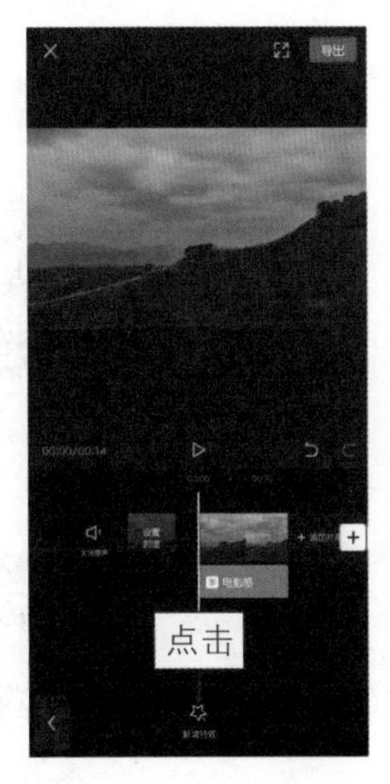

图 1–38　点击“新增特效”按钮

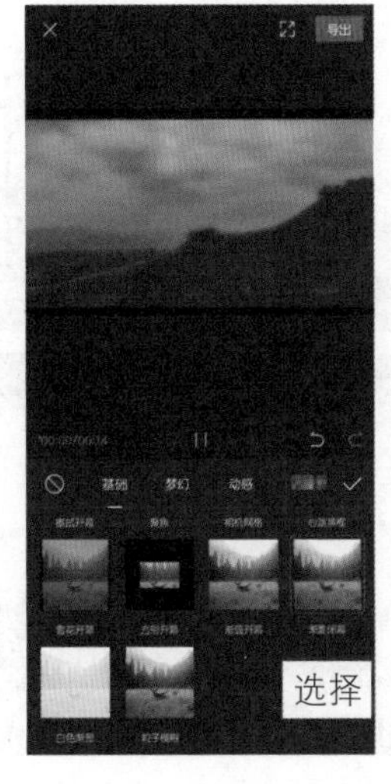

图 1–39　选择“渐隐闭幕”特效

步骤 07 点击✓按钮添加闭幕特效，拖曳闭幕特效轨道两侧的白色拉杆，调整闭幕特效出现的位置和持续时长，如图 1–40 所示。

步骤 08 拖曳时间轴，可以看到时间线区域有两条特效轨道，如图 1–41 所示。

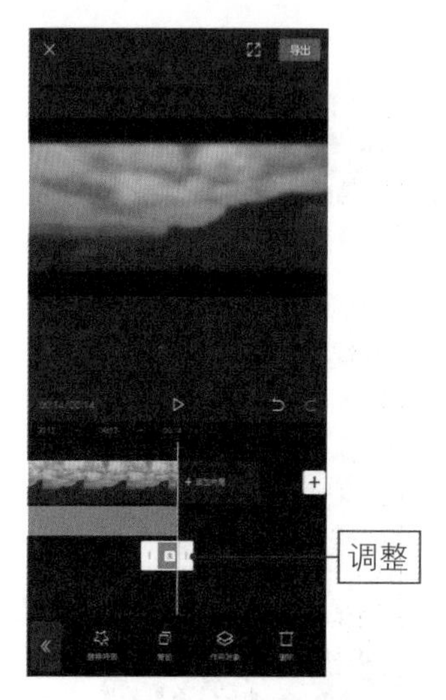

图 1–40 调整闭幕特效轨道的位置和持续时长

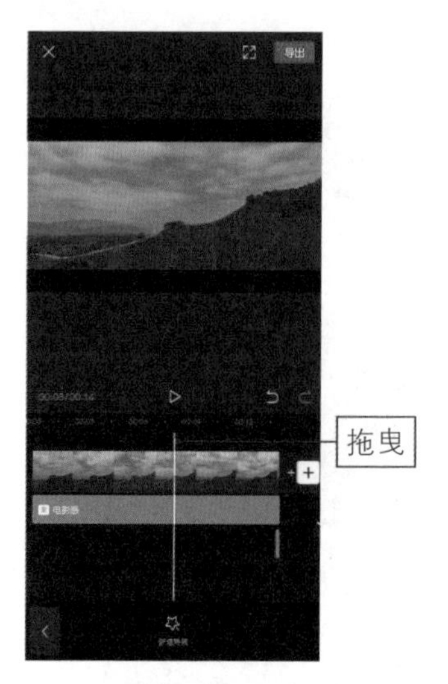

图 1–41 两条特效轨道

步骤 09 点击右上角的“导出”按钮，即可导出并预览视频，效果如图 1–42 所示。可以看到在视频开头，上下画幅向中间慢慢靠拢；在视频结尾，画面主体逐渐模糊。

扫码看教程

图 1–42 导出并预览视频效果

扫码看视频效果

TIPS● 008

梦幻特效：增强短视频的氛围

在剪映 App 中，除了有能让短视频更具创意的“基础”特效选项卡，还有能够让短视频更加唯美浪漫的特效。下面介绍为短视频添加“梦幻”特效的操作方法。

步骤 01 在剪映 App 中打开一个剪辑草稿，点击“特效”按钮，如图 1-43 所示。

步骤 02 进入特效界面后，切换至“梦幻”特效选项卡，有金粉、金粉 II、金粉聚拢、粉色闪粉、模糊、闪闪、布拉格及妖气等特效预设，如图 1-44 所示。

步骤 03 用户可以在其中多尝试一些特效，选择一个与短视频内容最相符的特效，让短视频画面更加唯美浪漫，如图 1-45 所示。

步骤 04 选择好合适的特效后，点击✓按钮即可添加该特效。此时，时间线区域将会生成一条特效轨道，如图 1-46 所示。

步骤 05 拖曳特效轨道左侧的白色拉杆，调整特效的持续时长，如图 1-47 所示。

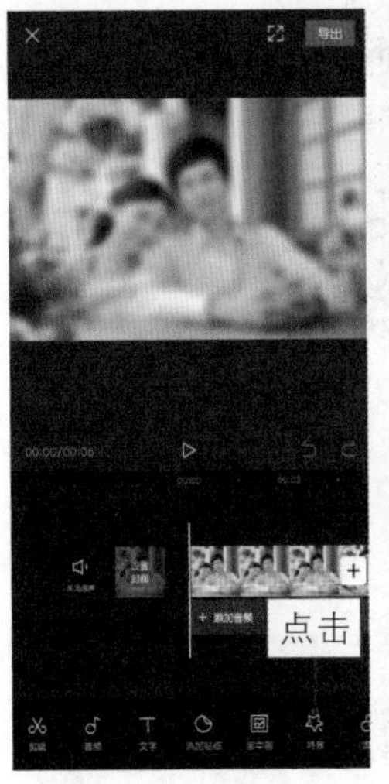

图 1-43　点击“特效”按钮

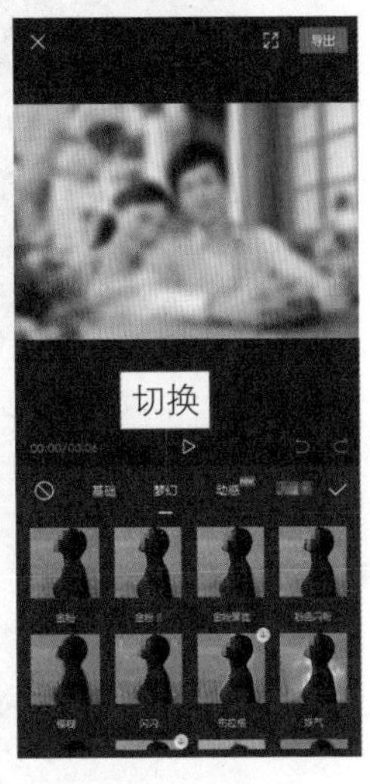

图 1-44　“梦幻”特效选项卡

图 1-45　尝试其他“梦幻”特效

图 1-46　生成特效轨道

图 1-47　调整特效持续时长

步骤 06 点击右上角的“导出”按钮，即可导出并预览视频，效果如图 1-48 所示。可以看到视频中间画了一颗爱心，爱心逐渐向前放大，分散出许多小爱心。

图 1-48　导出并预览视频效果

扫码看教程

扫码看视频效果

视频完成：多种路径可供分享

用户将视频剪辑完成后，点击右上角的“导出”按钮，如图 1–49 所示。在导出视频之前，用户还需对视频的分辨率和帧率进行设置。设置完成后，再次点击“导出”按钮，如图 1–50 所示。

在导出视频的过程中，用户不可以锁屏或者切换程序，如图 1–51 所示。导出完成后，可以选择点击“抖音短视频”按钮并选中“同步到西瓜视频”单选按钮，即可同时分享到抖音平台和西瓜平台；也可单独点击“西瓜视频”按钮，只分享到西瓜平台。点击“完成”按钮，结束此次剪辑，如图 1–52 所示。

图 1–49　点击“导出”按钮

图 1–50　再次点击“导出”按钮

图 1–51　导出视频过程中

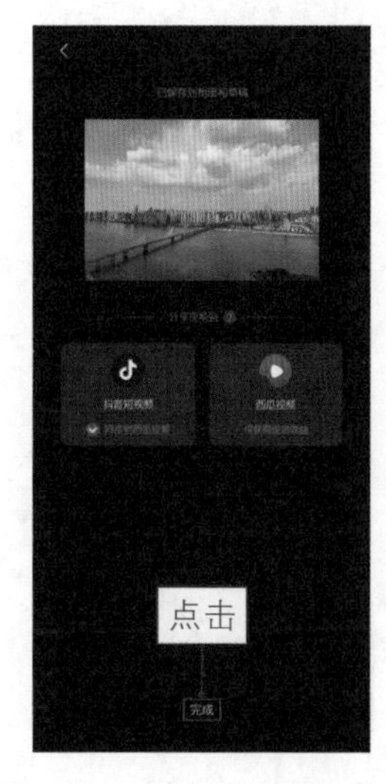

图 1–52　点击“完成”按钮

扫码看教程

第2章

视频剪辑：9个技巧帮你留下精彩瞬间

要想制作出爆款、热门的短视频，除了上一章中介绍的剪映App的基本操作及导出视频的方法，还要进行一些其他操作。本章将介绍视频剪辑的变速功能、倒放功能、定格功能、漫画效果、替换素材、逐帧剪辑、添关键帧及添加片尾等9个技巧，让读者更进一步地了解短视频的后期剪辑。

TIPS 010 剪辑工具：更好地帮助短视频后期剪辑

下面介绍使用剪映 App 对短视频进行剪辑处理的基本操作方法。

步骤 01 打开剪映 App，在主界面中点击“开始创作”按钮，如图 2–1 所示。

步骤 02 进入“照片视频”界面，❶ 选择合适的视频素材；❷ 点击右下角的“添加”按钮，如图 2–2 所示。

步骤 03 执行操作后，即可导入该视频素材，点击左下角的“剪辑”按钮，如图 2–3 所示。

步骤 04 执行操作后，进入视频剪辑界面，如图 2–4 所示。

图 2–1　点击“开始创作”按钮

图 2–2　点击“添加”按钮

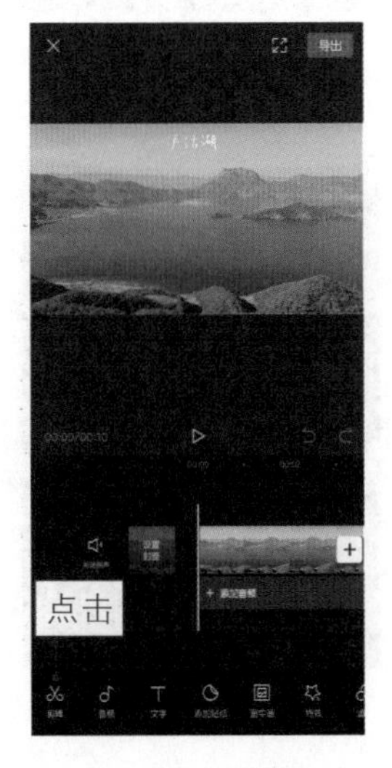

图 2–3　点击“剪辑”按钮

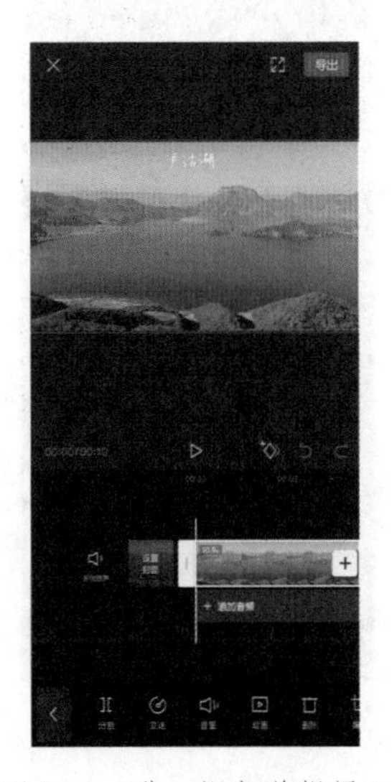

图 2–4　进入视频剪辑界面

步骤 05 拖曳时间轴至两个片段的相交处，如图 2–5 所示。

步骤06 点击“分割”按钮，即可分割视频，如图2-6所示。

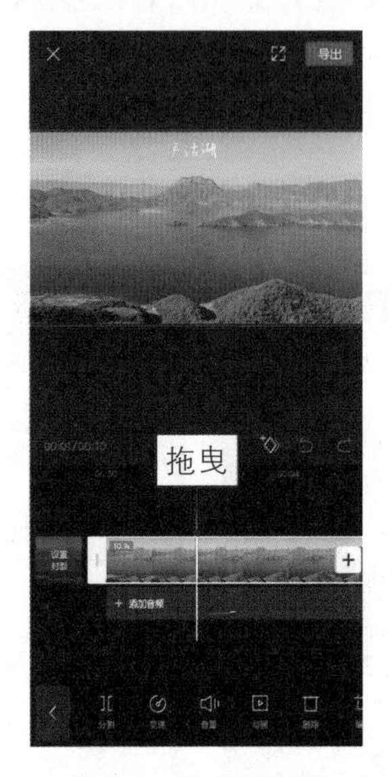

图2-5 拖曳时间轴

图2-6 分割视频

步骤07 ❶选择视频的片尾；❷点击“删除”按钮，如图2-7所示。

步骤08 执行操作后，即可删除剪映默认添加的片尾，如图2-8所示。

图2-7 点击“删除”按钮

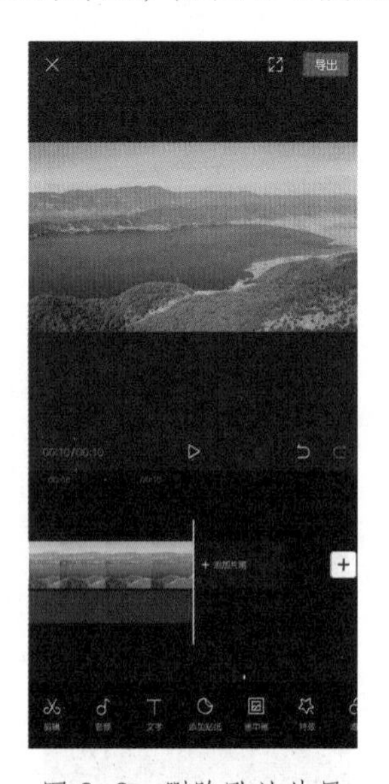

图2-8 删除默认片尾

步骤09 在“剪辑”二级工具栏中点击“编辑”按钮，可以对视频进行旋转、镜像及裁剪等编辑处理，如图2-9所示。

步骤 10 在“剪辑”二级工具栏中点击“复制”按钮，可以快速复制选择的视频片段，如图 2-10 所示。

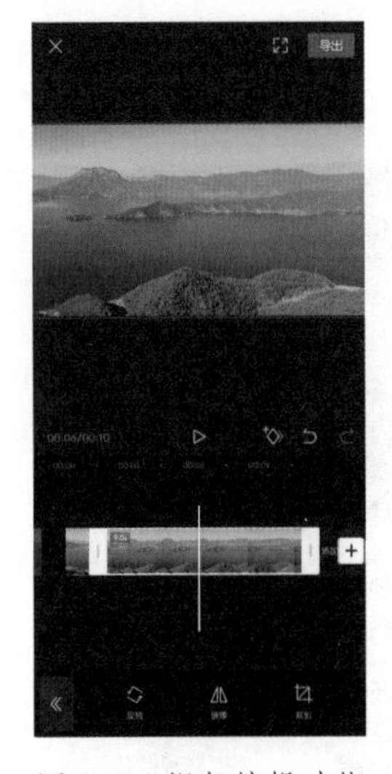

图 2-9　视频编辑功能

图 2-10　复制选择的视频片段

扫码看教程

TIPS 011 变速功能：制作曲线变速的短视频效果

下面介绍使用剪映 App 制作曲线变速短视频的操作方法。

步骤 01 在剪映 App 中导入一个视频素材，并添加合适的背景音乐，点击底部的“剪辑”按钮，如图 2-11 所示。

步骤 02 进入剪辑编辑界面，在“剪辑”二级工具栏中点击“变速”按钮，如图 2-12 所示。

图 2-11　点击“剪辑”按钮

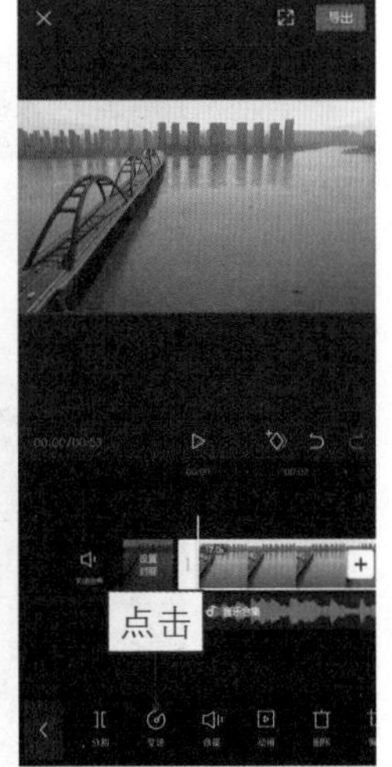

图 2-12　点击“变速”按钮

步骤 03 执行操作后，底部显示变速操作菜单，剪映 App 提供了“常规变速”和“曲线”变速两种功能，如图 2–13 所示。

步骤 04 点击“常规变速”按钮进入相应编辑界面，拖曳红色的圆环滑块，即可调整整段视频的播放速度，如图 2–14 所示。

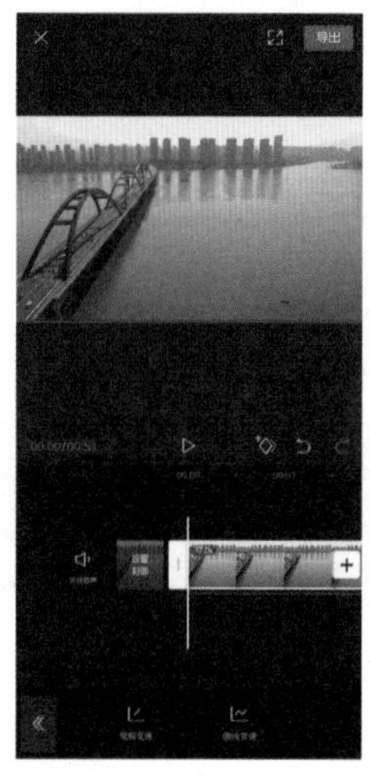

图 2–13　变速操作菜单

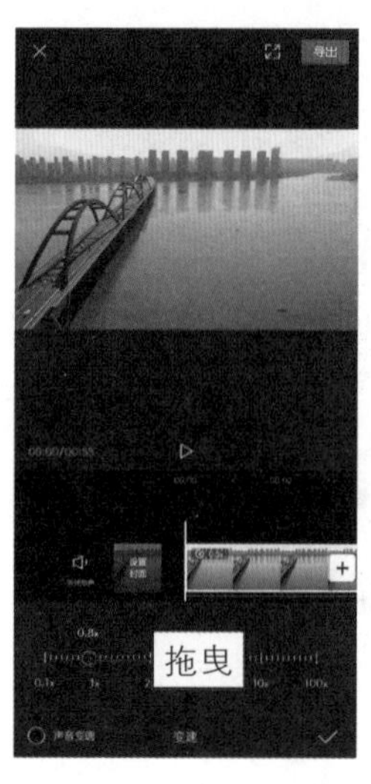

图 2–14　常规变速编辑界面

步骤 05 在变速操作菜单中点击“曲线变速”按钮，进入“曲线变速”编辑界面，如图 2–15 所示。

步骤 06 选择“自定”选项，点击“点击编辑”按钮，如图 2–16 所示。

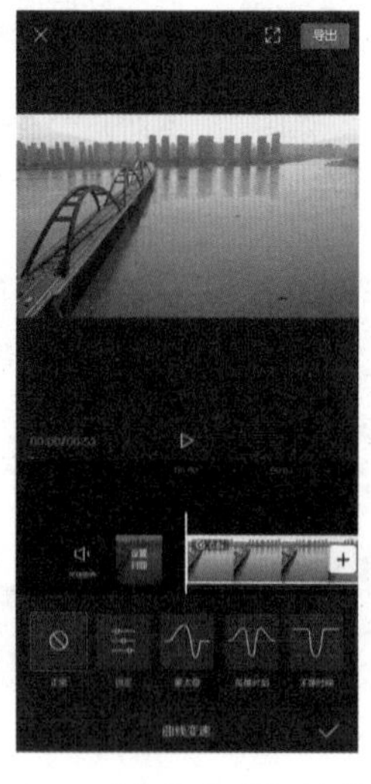

图 2–15　“曲线变速”编辑界面

图 2–16　点击“点击编辑”按钮

步骤 07 执行操作后，进入“自定”编辑界面，系统会自动添加一些变速点，拖曳时间轴至变速点上，向上拖曳变速点，即可加快播放速度，如图 2–17 所示。

步骤 08 向下拖曳变速点，即可放慢播放速度，如图 2–18 所示。

图 2–17　加快播放速度

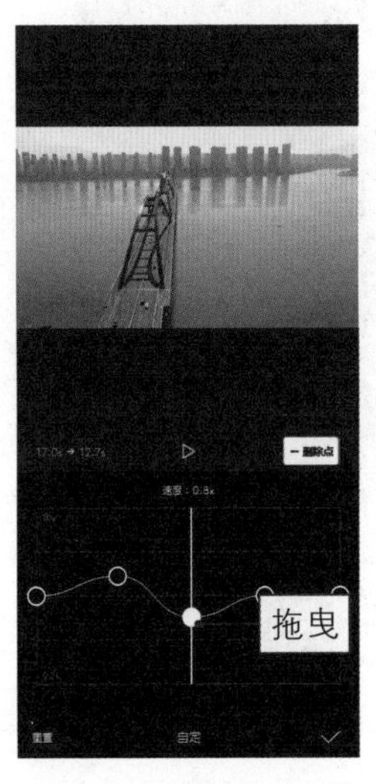

图 2–18　放慢播放速度

步骤 09 返回“曲线变速”编辑界面，选择“蒙太奇”选项，如图 2–19 所示。

步骤 10 点击“点击编辑”按钮，进入“蒙太奇”编辑界面，将时间轴拖曳到需要调整变速处理的位置，如图 2–20 所示。

图 2–19　选择“蒙太奇”选项

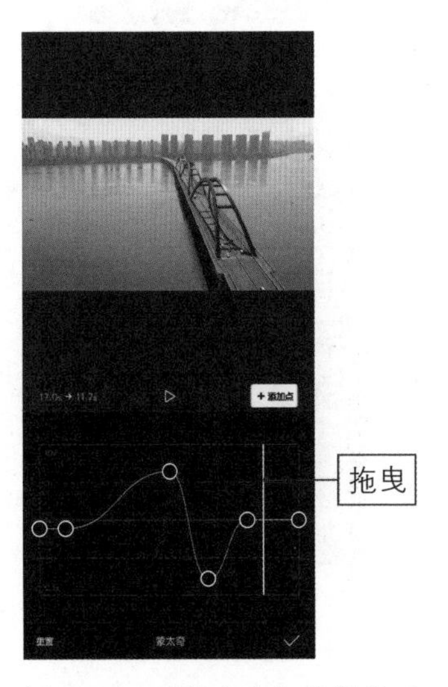

图 2–20　“蒙太奇”编辑界面

步骤 11 点击[+添加点]按钮，即可添加一个新的变速点，如图 2-21 所示。

步骤 12 将时间轴拖曳到需要删除的变速点上，如图 2-22 所示。

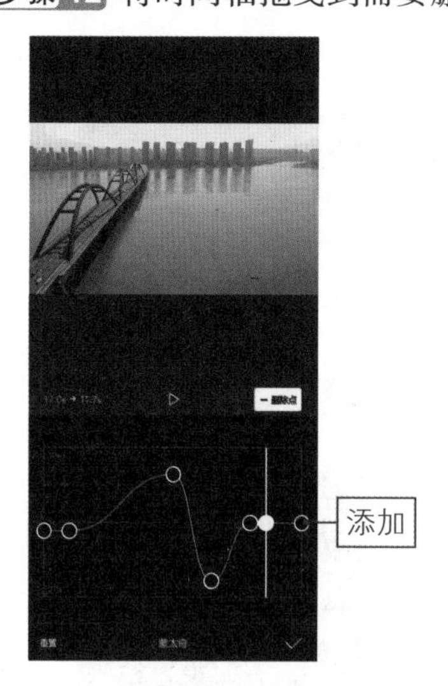

图 2-21 添加新的变速点

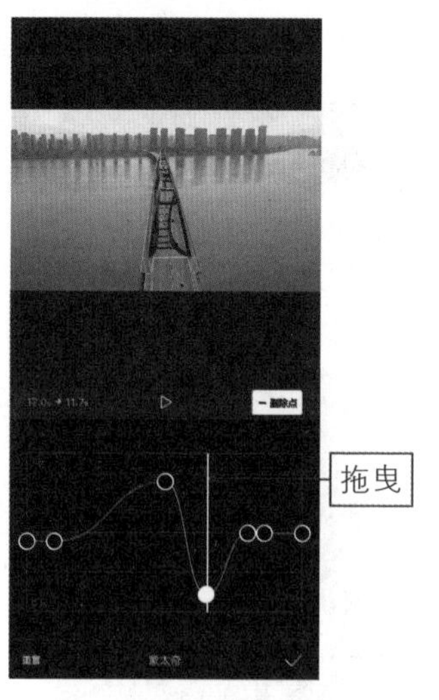

图 2-22 拖曳时间轴

步骤 13 点击[- 删除点]按钮，即可删除所选的变速点，如图 2-23 所示。

步骤 14 根据背景音乐的节奏，适当添加、删除并调整变速点的位置，点击右下角的✓按钮确认，完成曲线变速的调整，如图 2-24 所示。

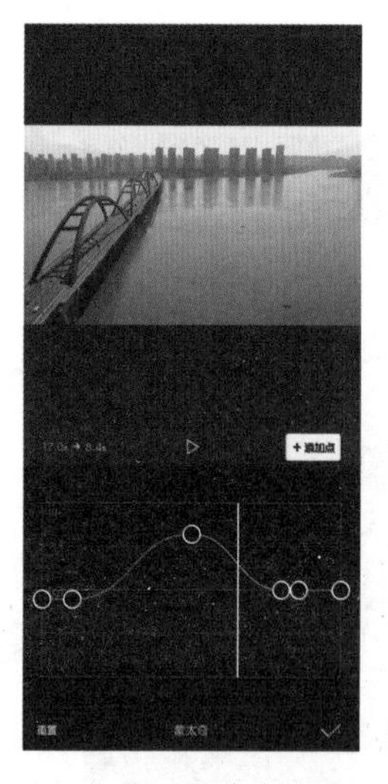

图 2-23 删除变速点

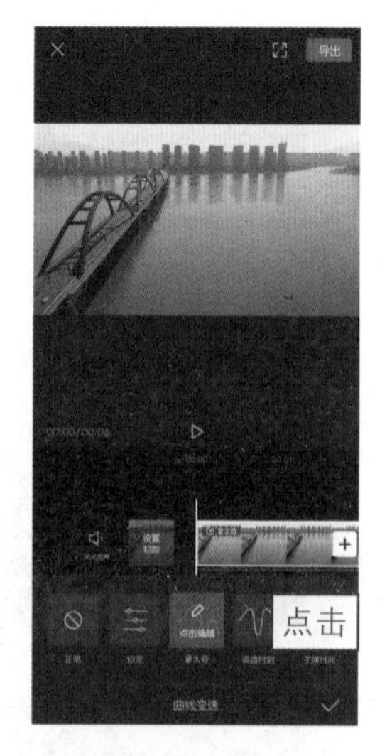

图 2-24 点击相应按钮

步骤 15 点击右上角的“导出”按钮，导出并预览视频，可以看到播放速度随着背景音乐的变化，一会儿快一会儿慢，效果如图 2-25 所示。

图 2-25　导出并预览视频效果

扫码看教程

扫码看视频效果

倒放功能：形成时光倒流的短视频效果

在制作短视频时，可以将其倒放，从而得到更具创意的效果。下面介绍使用剪映 App 制作视频倒放效果的操作方法。

步骤 01 在剪映 App 中打开一个剪辑草稿，并添加合适的音频，如图 2-26 所示。

步骤 02 ❶ 选择相应的视频片段；❷ 在“剪辑”二级工具栏中点击“倒放”按钮，如图 2-27 所示。

图 2-26 添加音频

图 2-27 点击“倒放”按钮

步骤 03 系统会对视频片段进行倒放处理，并显示处理进度，如图 2-28 所示。

步骤 04 稍等片刻，即可倒放所选的视频片段，如图 2-29 所示。

图 2-28 显示倒放处理进度

图 2-29 倒放所选视频片段

步骤 05 点击右上角的“导出”按钮，导出并预览视频，效果如图 2-30 所示。可以看到，原来视频中的画面完全颠倒了，向前开的汽车变成了向后倒退。

图 2-30　导出并预览视频效果

扫码看教程

扫码看视频效果

定格功能：制作拍照定格的短视频效果

定格功能能够将视频中的某一帧定格并持续一段时间，下面介绍使用剪映 App 制作视频定格效果的操作方法。

步骤 01 在剪映 App 中导入一个视频素材，并添加合适的音频，如图 2–31 所示。

步骤 02 点击底部的“剪辑”按钮，进入剪辑编辑界面。❶ 拖曳时间轴至需要定格的位置处；❷ 在“剪辑”二级工具栏中点击“定格”按钮，如图 2–32 所示。

图 2–31 添加音频

图 2–32 点击“定格”按钮

步骤 03 执行操作后，即可自动分割出所选的定格片段画面，并延长该片段的持续时间，如图 2–33 所示。

步骤 04 返回主界面，依次点击“音频”按钮和“音效”按钮，在“机械”音效选项卡中选择“拍照声 1”选项，如图 2–34 所示。

图 2–33 分割出定格片段画面

图 2–34 选择“拍照声 1”选项

步骤 05 点击“使用”按钮，添加一个拍照音效，长按音效轨道并拖曳至合适位置，如图 2–35 所示。

步骤 06 返回主界面，点击“特效”按钮，在“基础”特效选项卡中选择“白色渐显”特效，如图 2–36 所示。

图 2–35 添加拍照音效

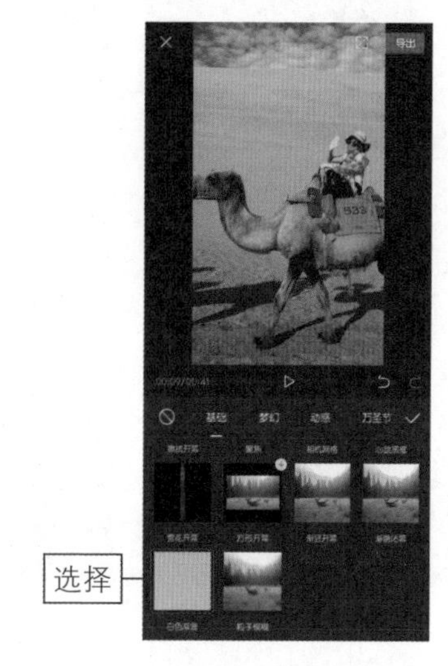

图 2–36 选择“白色渐显”特效

步骤 07 点击✓按钮，即可添加一个“白色渐显”特效，如图 2–37 所示。

步骤 08 适当调整“白色渐显”特效的持续时间，将其缩短至与音效的时长基本一致，如图 2–38 所示。

图 2–37 添加“白色渐显”特效

图 2–38 调整特效的持续时间

步骤 09 点击右上角的“导出”按钮，导出并预览视频，效果如图 2-39 所示。可以看到，人物骑着骆驼走过时，响起了“咔嚓”的拍照声音，同时画面一闪后突然定格在这个瞬间，在视频中实现了拍照定格的效果。

图 2-39　导出并预览视频效果

扫码看教程

扫码看视频效果

TIPS●
014

漫画效果：视频人物一秒变成动漫人物

漫画功能能够将原本真实的人物秒变成漫画人物，下面介绍使用剪映 App 制作漫画人物效果的操作方法。

步骤 01 在剪映 App 主界面中点击“开始创作”按钮，进入“照片视频”界面，❶ 选择一张照片素材；❷ 点击右下角的“添加”按钮，如图 2-40 所示。

步骤 02 导入照片素材，进入剪辑编辑界面，❶ 拖曳时间轴至合适位置；❷ 点击“分割”按钮，如图 2-41 所示。

步骤 03 执行操作后，即可分割视频。选择第一段视频，拖曳右侧的白色拉杆，适当调整视频的长度，如图 2-42 所示。

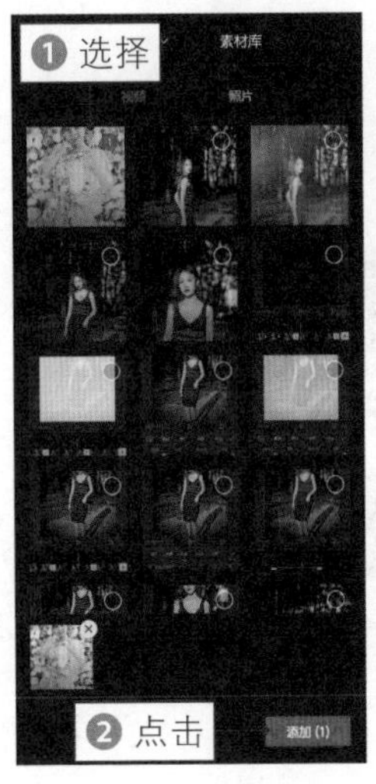

图 2-40　点击“添加”按钮

图 2-41　点击“分割”按钮

步骤 04 采用同样的操作方法，调整第二段视频的长度，如图 2-43 所示。

图 2-42　调整第一段视频的长度

图 2-43　调整第二段视频的长度

步骤 05 选择第二段视频，点击剪辑菜单中的“漫画”按钮，如图 2-44 所示。

步骤 06 执行操作后，显示生成漫画效果的进度，如图 2-45 所示。

图 2-44　点击“漫画”按钮

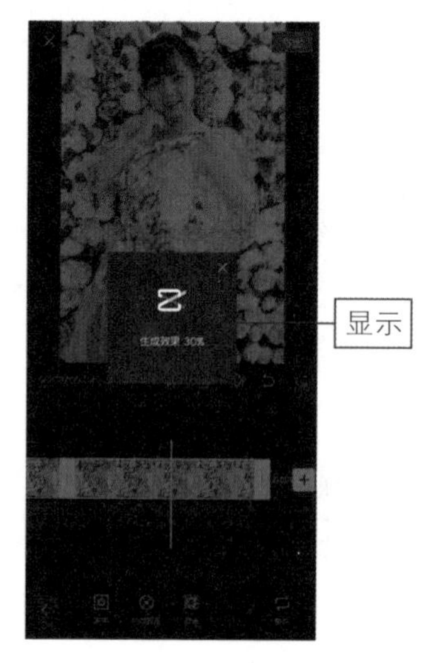

图 2-45　显示生成漫画效果的进度

步骤 07 稍后，第二段视频即可生成漫画效果，如图 2-46 所示。

步骤 08 点击两段视频中间的按钮，如图 2-47 所示。

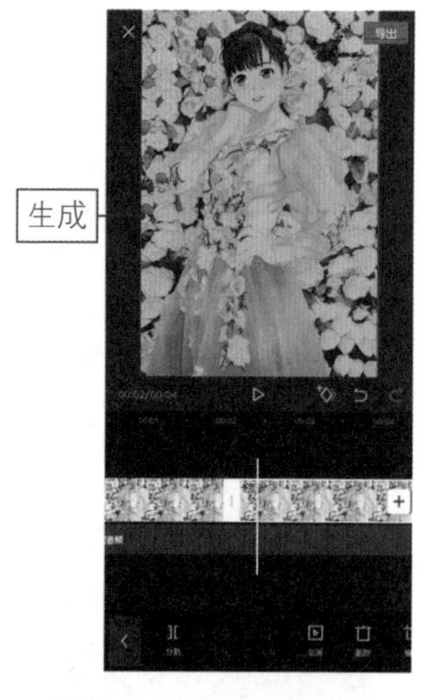

图 2-46　生成漫画效果

图 2-47　点击相应图标按钮

步骤 09 进入“转场”界面，选择“运镜转场”效果中的“推近”选项，如图 2-48 所示。

步骤 10 点击右下角的✓按钮确认，即可添加转场效果，同时转场图标变成了⋈形态，如图 2-49 所示。

图 2-48　选择“推近”选项

图 2-49　添加转场效果

步骤 11 添加一段背景音乐，点击右上角的“导出”按钮，导出并预览视频，效果如图 2-50 所示。可以看到，当画面经过“推近”运镜转场效果后，突然画风一转，视频中的人物变成了漫画风格的效果。

图 2-50　导出并预览视频效果

扫码看教程

扫码看视频效果

替换素材：一键快速更换短视频的素材

替换素材功能能够快速替换视频轨道中不合适的视频素材，下面介绍使用剪映 App 替换视频素材的操作方法。

步骤 01 在剪映 App 中打开一个剪辑草稿，并添加合适的背景音乐，如图 2–51 所示。

步骤 02 如果用户发现了更适合的素材，可以使用“替换”功能将其替换。❶ 在时间线区域中选择要替换的视频片段；❷ 点击“剪辑”二级工具栏中的“替换”按钮，如图 2–52 所示。

步骤 03 进入“照片视频”界面，点击“素材库”按钮，如图 2–53 所示。

步骤 04 执行操作后，即可切换至“素材库”选项卡，如图 2–54 所示。

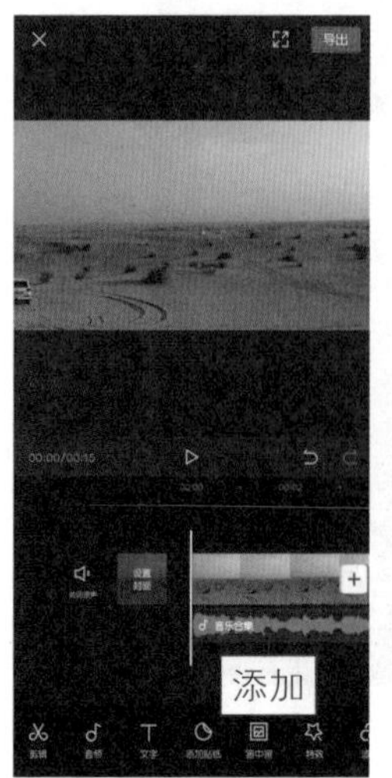

图 2–51 添加背景音乐

图 2–52 点击“替换”按钮

图 2–53 点击“素材库”按钮

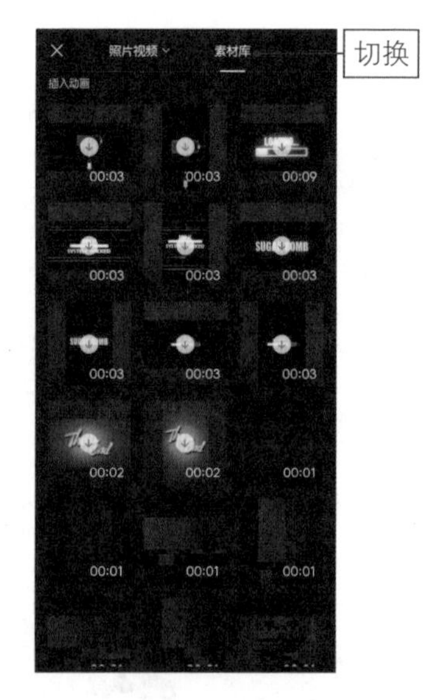

图 2–54 切换至“素材库”选项卡

步骤 05 在“时间片段”选项区中选择合适的动画素材，如图 2–55 所示。注意，这里只能选择比被替换的素材时长长的动画素材。

步骤 06 执行操作后，可以预览动画素材的效果，如图 2–56 所示。

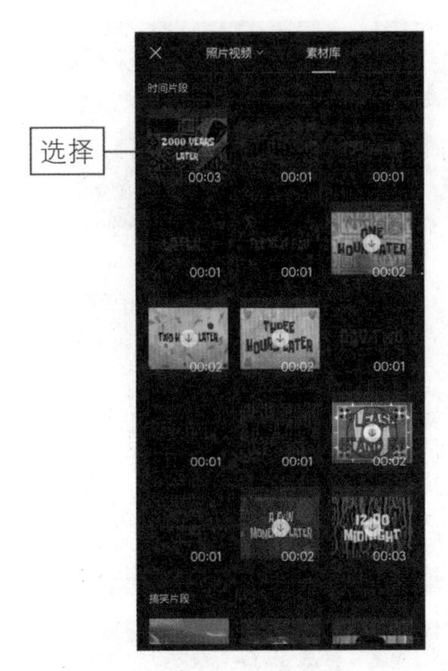

图 2–55　选择合适的动画素材

图 2–56　预览动画素材效果

步骤 07 拖曳轨道，确认选取的素材片段范围，如图 2–57 所示。

步骤 08 点击“确认”按钮，即可替换所选的素材，如图 2–58 所示。

图 2–57　调整选取素材片段范围

图 2–58　替换所选的素材

步骤 09 点击右上角的“导出”按钮，导出并预览视频，效果如图 2-59 所示。

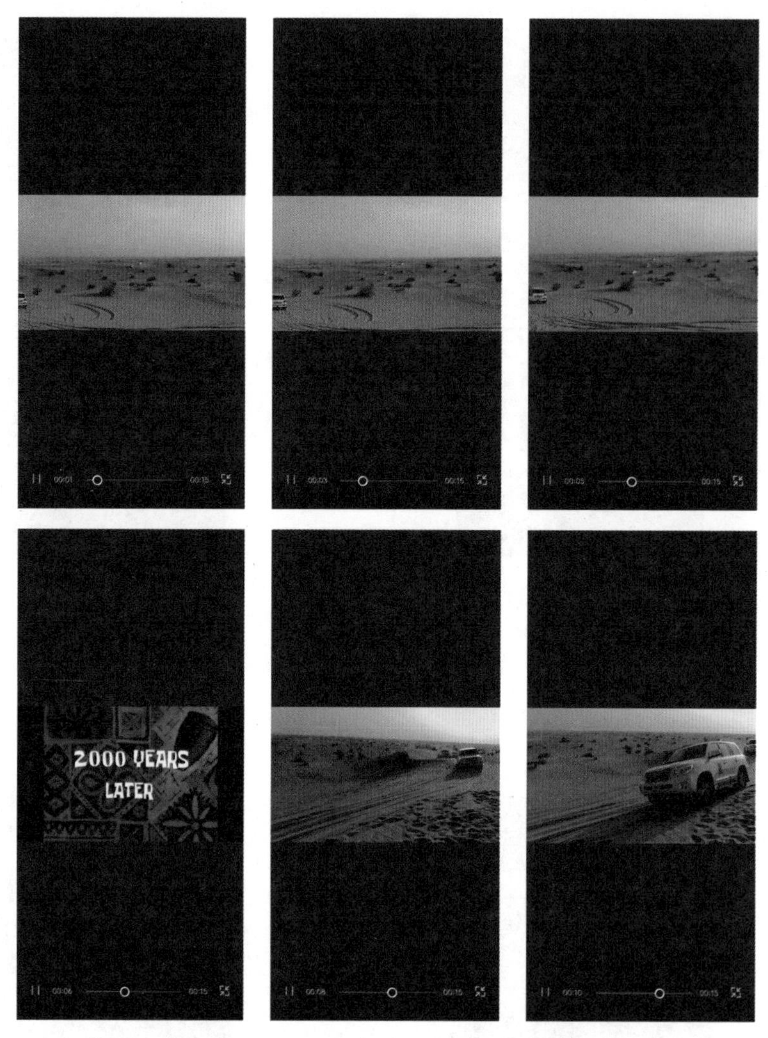

图 2-59 导出并预览视频效果

扫码看教程

扫码看视频效果

TIPS 016 逐帧剪辑：精确地剪辑每一帧视频画面

剪映 App 除了能对视频进行粗剪外，还能精细到对视频的每一帧进行剪辑。在剪映 App 中导入 3 个素材，如图 2-60 所示。如果导入的素材位置不对，可以选中并长按需要更换位置的素材，所有素材便会变成小方块，如图 2-61 所示。

图 2-60　导入素材

图 2-61　长按素材

变成小方块后，即可将视频素材移动到合适的位置，如图 2-62 所示。移动到合适的位置后松开手指，即可成功调整素材位置，如图 2-63 所示。

图 2-62　移动素材位置

图 2-63　成功调整素材位置

用户如果想要对视频进行更加精细的剪辑，只需放大时间线，如图 2-64 所示。在时间刻度上，用户可以看到显示最高剪辑精度为 5 帧画面，如图 2-65 所示。

图 2-64　放大时间线

图 2-65　显示最高剪辑精度

虽然时间刻度上显示最高的精度是 5 帧画面，大于 5 帧的画面可以分割，但是用户也可以在大于 2 帧且小于 5 帧的位置进行分割，如图 2-66 所示。

图 2-66　大于 5 帧的分割（左）和大于 2 帧且小于 5 帧的分割（右）

扫码看教程

扫码看视频效果

TIPS● 017

添加关键帧：制作月亮向右移动画面效果

添加关键帧可以实现对画面的控制，或者对动画的控制。下面介绍使用剪映 App 添加关键帧制作运动效果的具体操作方法。

步骤 01 在剪映App中点击“开始创作”按钮，导入一段素材，点击“画中画”按钮，如图 2–67 所示。

步骤 02 点击“画中画”二级工具栏中的“新增画中画”按钮，如图 2–68 所示。

步骤 03 进入“照片视频”界面，选择添加一段素材，点击下方工具栏中的“混合模式”按钮，如图 2–69 所示。

步骤 04 在“混合模式”菜单中找到并选择“变亮”效果，如图 2–70 所示。

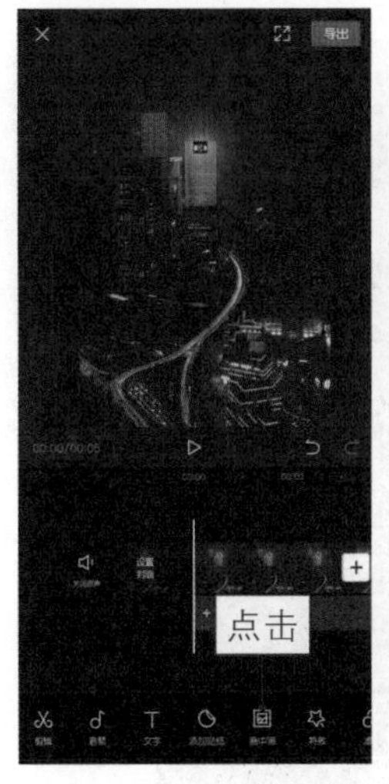

图 2–67　点击“画中画”按钮

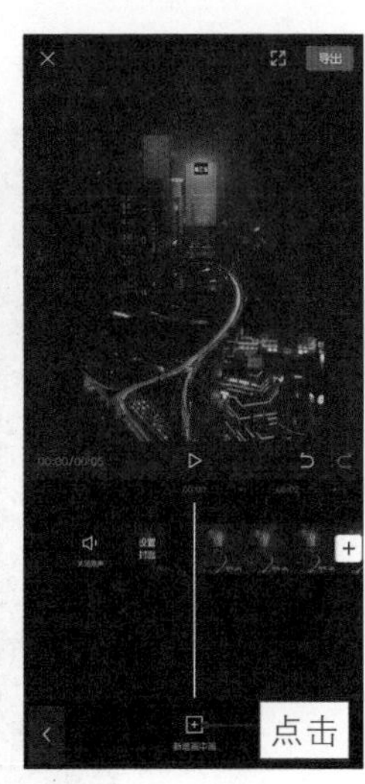

图 2–68　点击“新增画中画”按钮

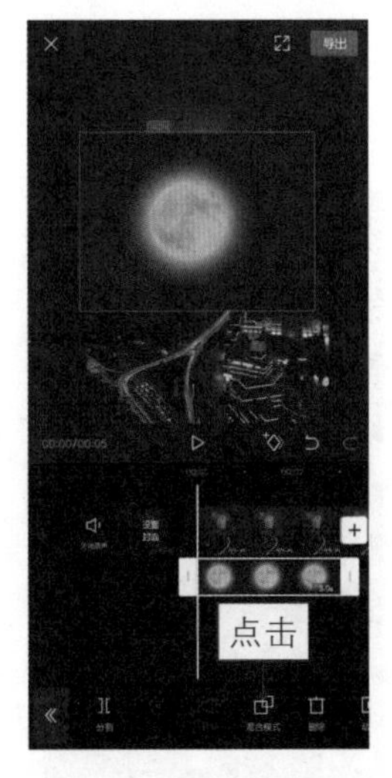

图 2–69　点击“混合模式”按钮

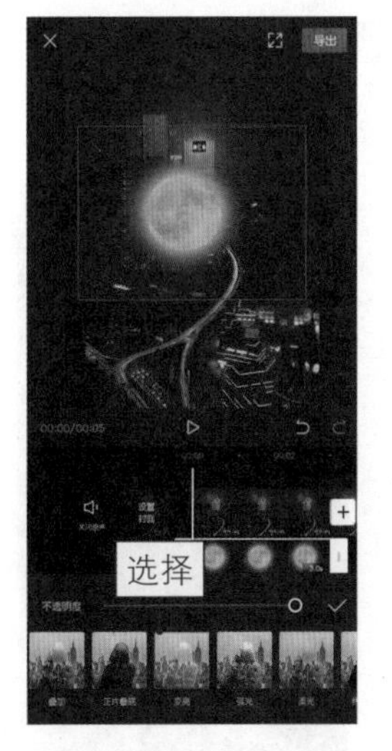

图 2–70　选择“变亮”效果

步骤 05 点击✓按钮应用混合模式效果，❶ 拖曳月亮视频轨道右侧的白色拉杆，使其与视频时长保持一致；❷ 调整素材大小并移动到合适位置，如图 2–71

所示。注意，因为这里导入的素材是图片，所以直接拖曳白色拉杆即可调整素材时长。

步骤 06 ❶ 拖曳时间轴至视频开头的位置；❷ 点击时间线区域右上方的按钮；❸ 视频轨道上显示一个红色的菱形标志，表示成功添加一个关键帧，如图 2-72 所示。

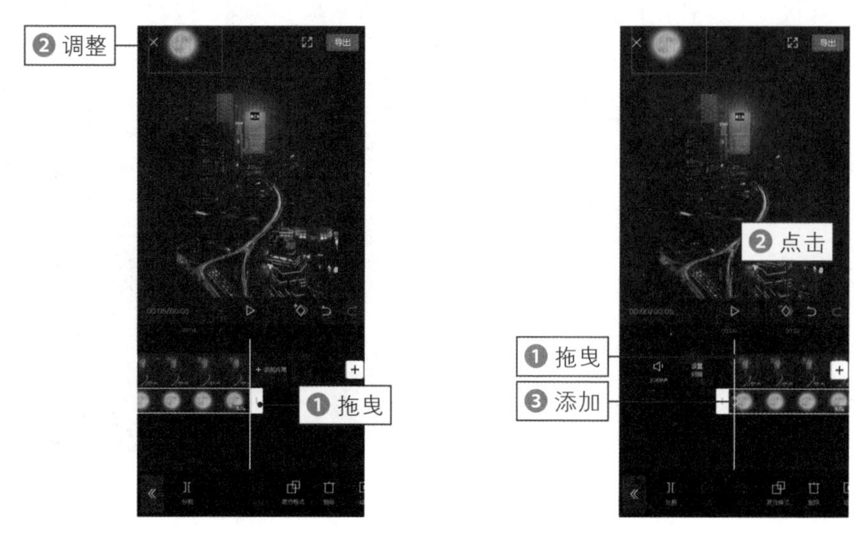

图 2-71　调整素材大小和位置

图 2-72　添加关键帧

步骤 07 执行操作后，拖曳一下时间轴，再次调整素材的位置和大小，将自动生成新的关键帧。重复多次操作，制作素材的运动效果，如图 2-73 所示。

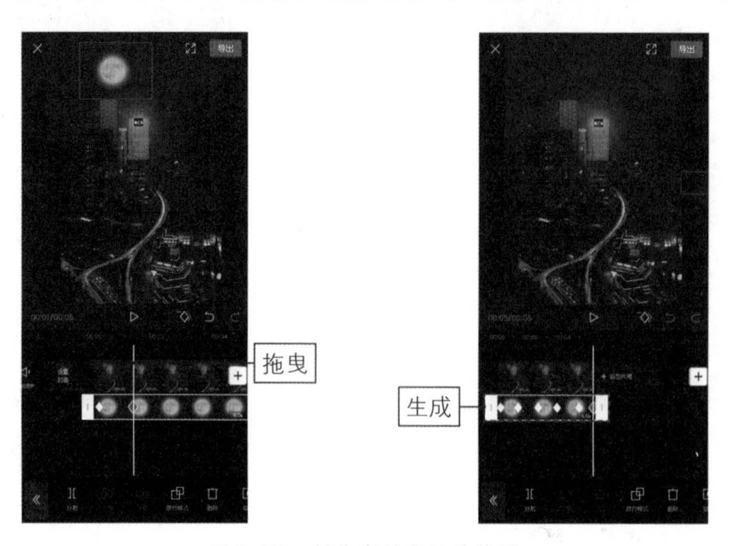

图 2-73　制作素材的运动效果

步骤 08 添加合适的背景音乐，点击右上角的“导出”按钮，导出视频，效果如图 2-74 所示。可以看到月亮从左上角慢慢移动到右下角的画面。

图 2-74　导出并预览视频效果

扫码看教程

扫码看视频效果

TIPS 018 添加片尾：统一短视频作品的片尾风格

经常观看短视频的用户会发现，一般某一视频创作者发布的短视频，在片尾都会有一个统一风格。下面介绍使用剪映 App 制作统一抖音片尾风格的具体操作方法。

步骤 01 在剪映 App 中导入白底视频素材，点击“比例”按钮，选择 9∶16 选项，如图 2-75 所示。

步骤 02 点击 < 按钮返回主界面，依次点击“画中画”按钮和“新增画中画”按钮，如图 2-76 所示。

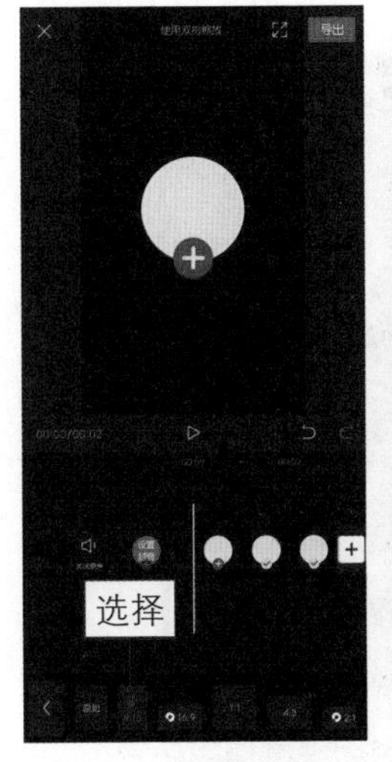

图 2-75　选择 9∶16 选项

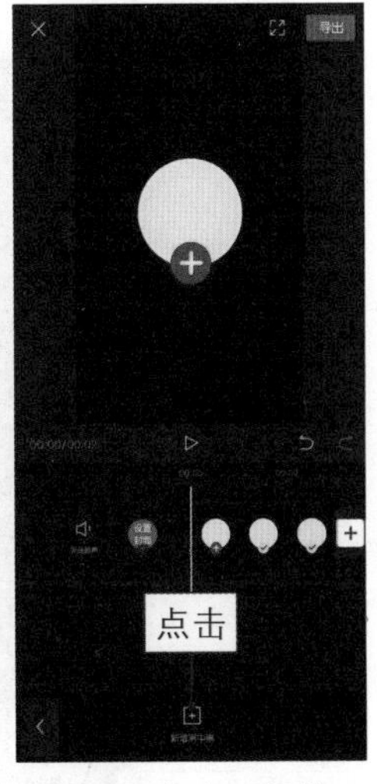

图 2-76　点击“新增画中画”按钮

步骤 03 进入“照片视频”界面后，❶ 选择一段视频或者照片素材；❷ 点击“添加”按钮，如图 2-77 所示。

步骤 04 执行操作后，点击下方工具栏中的“混合模式”按钮，如图 2-78 所示。

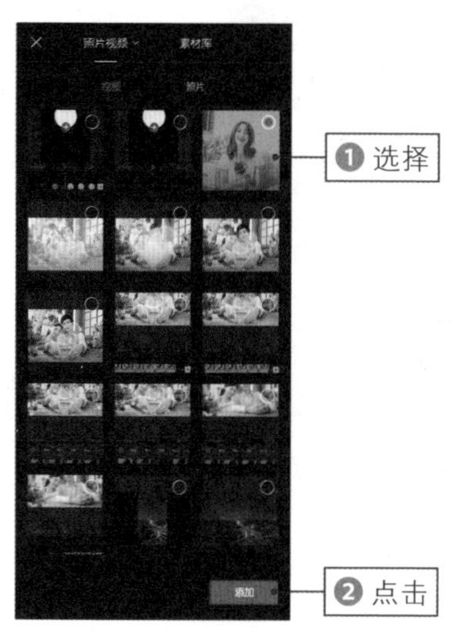

图 2-77 点击“添加”按钮

图 2-78 点击“混合模式”按钮

步骤 05 打开“混合模式”菜单，选择“变暗”选项，如图 2-79 所示。

步骤 06 在预览区域调整画中画素材的位置和大小，点击 ✓ 按钮返回，点击“新增画中画”按钮，如图 2-80 所示。

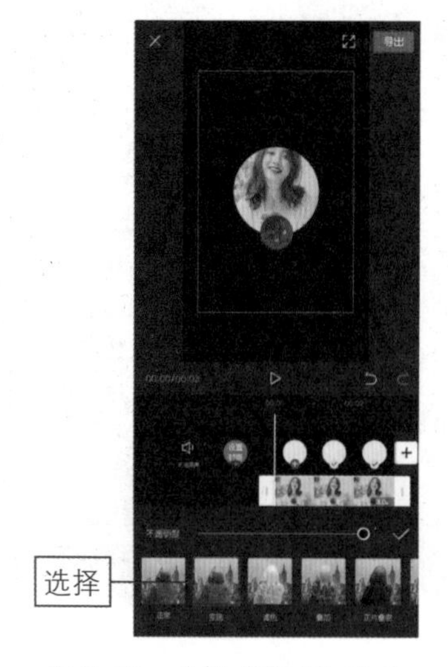

图 2-79 选择“变暗”选项

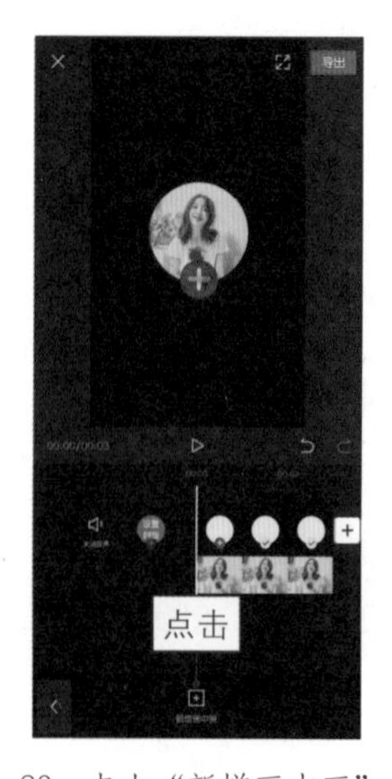

图 2-80 点击“新增画中画”按钮

步骤 07 进入“照片视频”界面，选择黑底素材，点击“添加”按钮，导入黑底素材，如图 2–81 所示。

步骤 08 执行操作后，点击“混合模式”按钮，打开“混合模式”菜单，选择“变亮”选项，如图 2–82 所示。

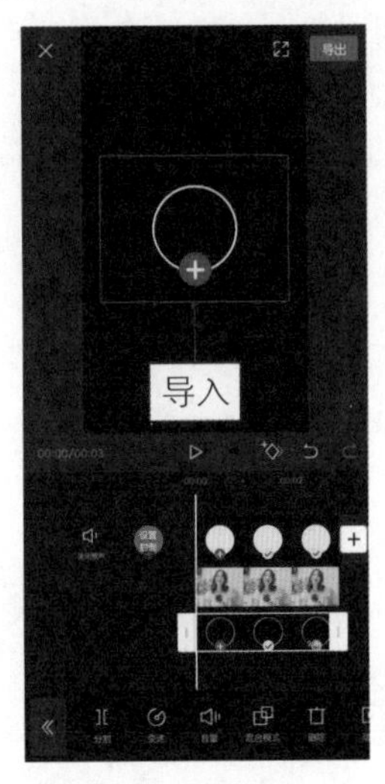

图 2–81　导入黑底素材

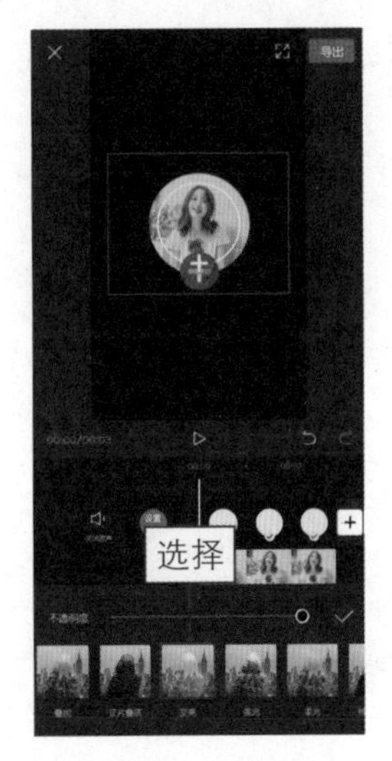

图 2–82　选择“变亮”选项

步骤 09 在预览区域调整黑底素材的位置和大小，如图 2–83 所示。

步骤 10 点击“导出”按钮，导出并预览抖音片尾效果，如图 2–84 所示。

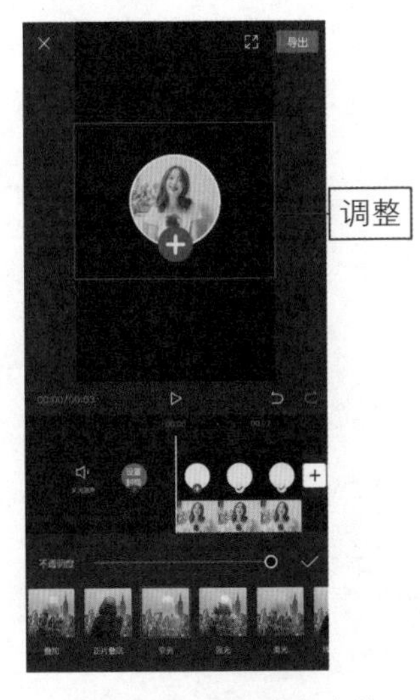

图 2–83　调整黑底素材

图 2–84　导出并预览抖音片尾效果

扫码看教程

扫码看视频效果

第 3 章

调色滤镜：11 个技巧增强你的视频影调

很多人在制作短视频时，都不知道如何对自己的视频进行调色，又或者调出来的色调与主题不符。针对这些常见问题，本章将介绍添加滤镜、光影色调、清新色调、质感滤镜、风景滤镜、美食滤镜及风格化滤镜等 11 种调色方法，帮助大家制作出合适的影调。

添加滤镜：增强短视频画面色彩

添加滤镜可以视频的色彩更加丰富、鲜亮。下面介绍使用剪映 App 为短视频添加滤镜效果的操作方法。

步骤 01 在剪映 App 中导入一个素材，点击一级工具栏中的“滤镜”按钮，如图 3–1 所示。

步骤 02 进入“滤镜”编辑界面，可以看到其中有质感、Log、清新及风景等滤镜选项卡，如图 3–2 所示。

步骤 03 用户可根据视频场景选择合适的滤镜效果，如图 3–3 所示。

步骤 04 点击✓按钮返回，拖曳滤镜轨道右侧的白色拉杆，调整滤镜的持续时间，使其与视频时间保持一致，如图 3–4 所示。

图 3–1　点击“滤镜”按钮

图 3–2　“滤镜”编辑界面

图 3–3　选择合适的滤镜效果

图 3–4　调整滤镜的持续时间

步骤 05 点击底部的“滤镜”按钮，调出“滤镜”编辑界面，拖曳“滤镜”界面上方的白色圆环滑块，适当调整滤镜的应用程度参数，如图 3–5 所示。

步骤 06 点击“导出”按钮，导出并预览视频，效果如图 3-6 所示。

图 3-5 调整应用程度参数

图 3-6 导出并预览视频效果

扫码看教程

扫码看视频效果

TIPS 020 光影调色：多角度调节画面色调

剪映 App 中有许多调节工具，能够帮助用户更好地对视频进行光影调色。

下面介绍使用剪映 App 调整视频画面光影色调的操作方法。

步骤 01 在剪映 App 中导入一个素材，点击底部的“调节”按钮，如图 3-7 所示。

步骤 02 进入“调节”编辑界面，❶选择“亮度”选项；❷向右拖曳白色圆环滑块，即可提亮画面，如图 3-8 所示。

步骤 03 ❶选择“对比度”选项；❷适当向右拖曳滑块，增强画面的

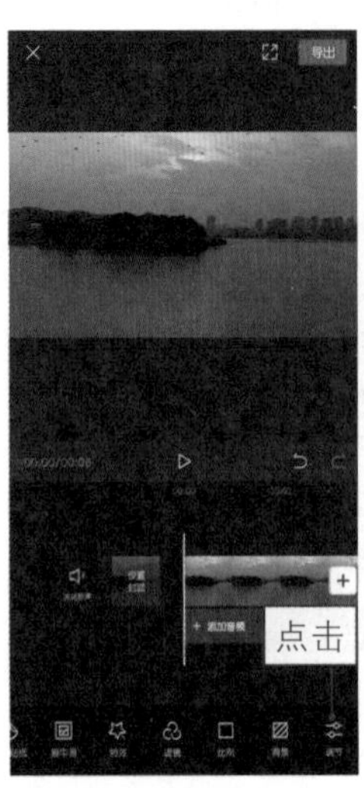

图 3-7 点击“调节”按钮

图 3-8 调整画面亮度

明暗对比效果，如图 3-9 所示。

步骤 04 ❶ 选择“饱和度”选项；❷ 适当向右拖曳滑块，增强画面的色彩饱和度，如图 3-10 所示。

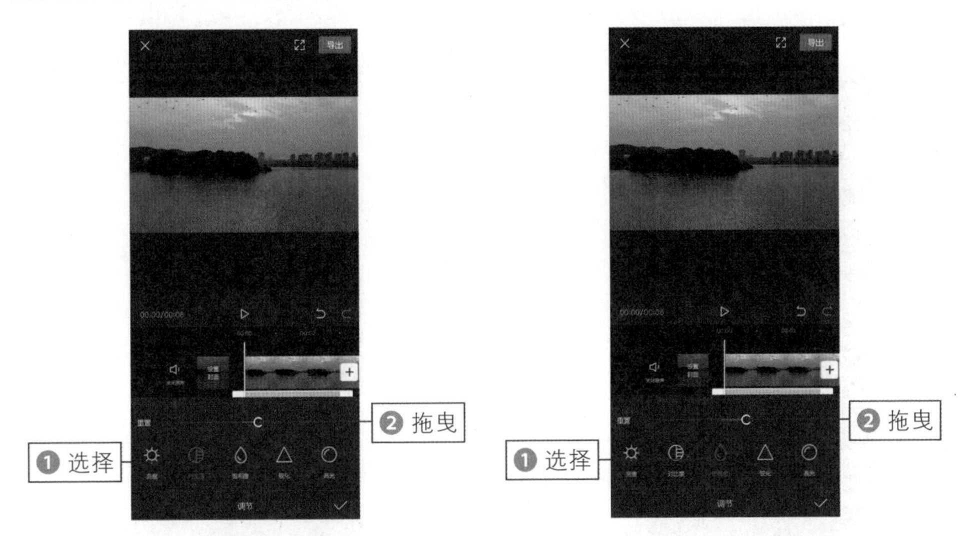

图 3-9　调整画面对比度　　图 3-10　调整画面色彩饱和度

步骤 05 选择“锐化”选项，适当向右拖曳“锐化”滑块，增加画面的清晰度，如图 3-11 所示。

步骤 06 选择“高光”选项，适当向右拖曳“高光”滑块，可以增加画面中高光部分的亮度，如图 3-12 所示。

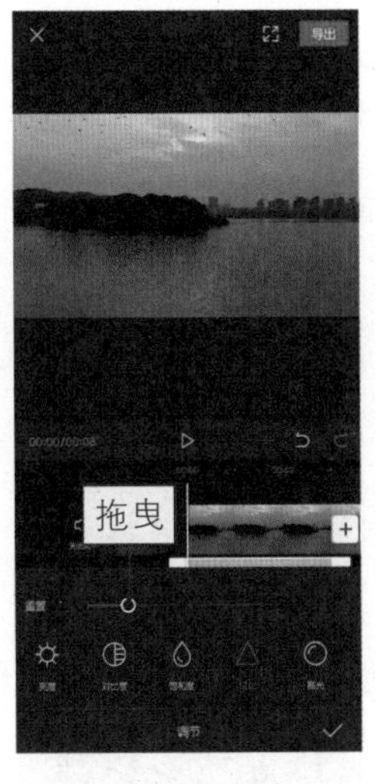

图 3-11　调整画面清晰度

图 3-12　调整画面高光亮度

步骤 07 选择“阴影”选项，适当向右拖曳“阴影”滑块，增加画面中阴影部分的亮度，如图 3–13 所示。

步骤 08 选择“色温”选项，适当向左拖曳“色温”滑块，增强画面冷色调效果，如图 3–14 所示。

图 3–13 调整画面阴影亮度

图 3–14 调整画面色温

步骤 09 选择“色调”选项，适当向右拖曳“色调”滑块，增强天空的粉色效果，如图 3–15 所示。

步骤 10 选择“褪色”选项，向右拖曳滑块，降低画面的色彩浓度，如图 3–16 所示。

图 3–15 调整画面色调

图 3–16 调整褪色效果

步骤 11 点击右下方的✓按钮应用调节效果，时间线区域将会生成一条调节轨道，如图 3-17 所示。

步骤 12 向右拖曳调节轨道右侧的白色拉杆，使其与视频时间保持一致，如图 3-18 所示。

图 3-17　生成调节轨道

图 3-18　调整“调节”效果的持续时间

步骤 13 点击右上角的“导出”按钮，导出并预览视频，效果如图 3-19 所示。

图 3-19　导出并预览视频效果

扫码看教程

扫码看视频效果

TIPS● 021

清新色调：让油菜花田更加灿烂

很多用户都喜欢拍摄花朵的短视频，但却不知道如何为花朵调色。下面介绍使用剪映 App 为油菜花田调色的具体操作方法。

步骤 01 在剪映 App 中导入一个素材，打开“剪辑”二级工具栏，找到并点击“滤镜”按钮，如图 3–20 所示。

步骤 02 ❶ 在“清新”选项卡中选择“淡奶油”滤镜效果；❷ 适当拖曳“滤镜”界面上方的白色圆环滑块，如图 3–21 所示。

步骤 03 点击✓按钮返回，找到并点击“调节”按钮，如图 3–22 所示。

步骤 04 执行操作后，❶ 选择“亮度”选项；❷ 向左拖曳滑块，将参数调节至 –12，如图 3–23 所示。

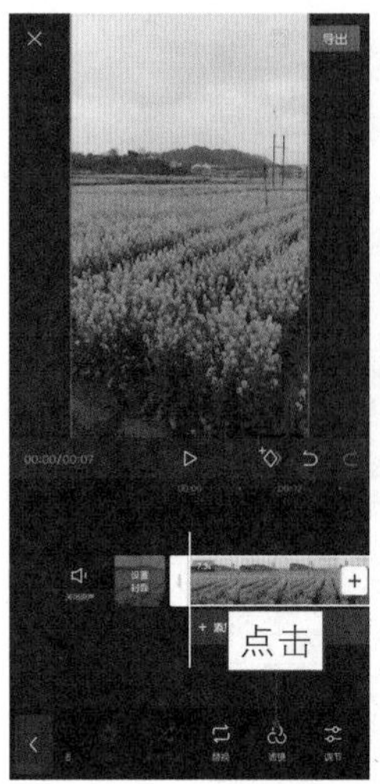

图 3–20 点击“滤镜”按钮

图 3–21 选择“淡奶油”滤镜效果

图 3–22 点击“调节”按钮

图 3–23 调节“亮度”参数

步骤 05 ❶ 选择“对比度”选项；❷ 向左拖曳滑块，将参数调节至 –23，如图 3–24 所示。

步骤 06 ❶ 选择“饱和度”选项；❷ 向右拖曳滑块，将参数调节至 20，如图 3-25 所示。

图 3-24　调节“对比度”参数　　图 3-25　调节“饱和度”参数

步骤 07 ❶ 选择“锐化”选项；❷ 拖曳滑块，将参数调节至 13，如图 3-26 所示。

步骤 08 ❶ 选择“色温”选项；❷ 向左拖曳滑块，将参数调节至 -26，如图 3-27 所示。

图 3-26　调节“锐化”参数

图 3-27　调节“色温”参数

步骤 09 点击“导出”按钮，导出并预览视频，效果对比如图 3-28 所示。

图 3-28　导出并预览视频效果

扫码看教程

扫码看视频效果

TIPS 022 质感滤镜：让色彩更加自然清透

剪映 App 中的质感滤镜包括自然、清晰、白皙及灰调等效果。下面介绍使用剪映 App 为短视频添加质感滤镜效果的操作方法。

步骤 01 在剪映 App 中导入一个素材，点击一级工具栏中的“滤镜”按钮，如图 3-29 所示。

步骤 02 进入“滤镜”编辑界面后，切换至“质感”选项卡，如图 3-30 所示。

步骤 03 执行操作后，选择“白皙”滤镜效果，让视频画面显得更加透亮，如图 3-31 所示。

步骤 04 向左拖曳“滤镜”界面上方的白色圆环滑块，适当调整滤镜的应用程度参数，如图 3-32 所示。

图 3-29　点击“滤镜”按钮

图 3-30　“质感”滤镜选项卡

图 3-31　选择“白皙”滤镜效果

图 3-32　调整参数

步骤 05 也可以在其中多尝试一些滤镜，选择一个与短视频风格最相符的滤镜，如图 3-33 所示。

图 3-33　选择合适的滤镜效果

步骤 06 选择好合适的滤镜后，点击✓按钮即可添加该滤镜。此时，时间线区域将会生成一条滤镜轨道，如图 3-34 所示。

步骤 07 拖曳滤镜轨道右侧的白色拉杆，调整滤镜的持续时长，使其与视频时长保持一致，如图 3-35 所示。

图 3-34　生成滤镜轨道

图 3-35　调整滤镜持续时长

步骤 08 点击右上角的“导出”按钮，导出并预览视频，效果如图 3-36 所示。可以看到为视频中的水流添加滤镜效果后变得更加自然清透。

图 3-36　导出并预览视频效果

扫码看教程

扫码看视频效果

TIPS● 023

清新滤镜：瞬间调出鲜亮感画面

剪映 App 中的清新滤镜包括清透、鲜亮、淡奶油及济州等效果。下面介绍使用剪映 App 为短视频添加清新滤镜的操作方法。

步骤 01 在剪映 App 中导入一个素材，点击一级工具栏中的“滤镜”按钮，如图 3–37 所示。

步骤 02 进入“滤镜”编辑界面后，切换至“清新”选项卡，如图 3–38 所示。

步骤 03 执行操作后，选择“淡奶油”滤镜效果，在预览区域可以看到画面效果，如图 3–39 所示。

步骤 04 向左拖曳“滤镜”界面上方的白色圆环滑块，适当调整滤镜的应用程度参数，如图 3–40 所示。

图 3–37　点击“滤镜”按钮

图 3–38　“清新”滤镜选项卡

图 3–39　选择“淡奶油”滤镜效果

图 3–40　调整参数

步骤 05 也可以在其中多尝试一些滤镜，选择一个与短视频风格最相符的滤镜，如图 3–41 所示。

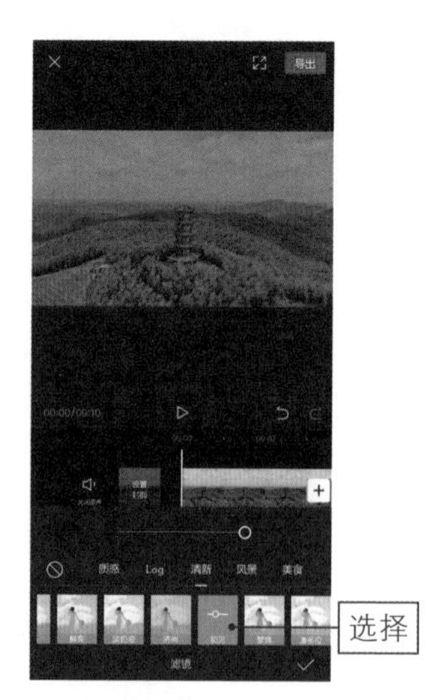

图 3-41　选择合适的滤镜效果

步骤 06 选择好合适的滤镜后，点击✓按钮即可添加该滤镜，此时，时间线区域将会生成一条滤镜轨道，如图 3-42 所示。

步骤 07 拖曳滤镜轨道右侧的白色拉杆，调整滤镜的持续时长，使其与视频时长保持一致，如图 3-43 所示。

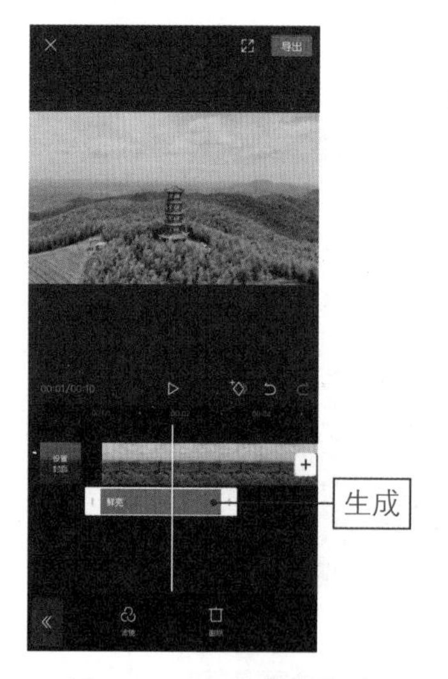

图 3-42　生成滤镜轨道

图 3-43　调整滤镜持续时长

扫码看教程

扫码看视频效果

步骤 08 点击右上角的“导出”按钮，导出并预览视频，效果如图 3-44 所示。可以看到为视频中的竹林添加滤镜效果后变得更加鲜亮。

图 3-44　导出并预览视频效果

风景滤镜：让画面瞬间变小清新

剪映 App 中的风景滤镜包括暮色、仲夏、晴空及郁金香等效果。下面介绍使用剪映 App 为短视频添加风景滤镜效果的操作方法。

步骤 01 在剪映 App 中导入一个素材，点击一级工具栏中的“滤镜”按钮，如图 3-45 所示。

步骤 02 进入“滤镜”编辑界面后，切换至“风景”选项卡，如图 3-46 所示。

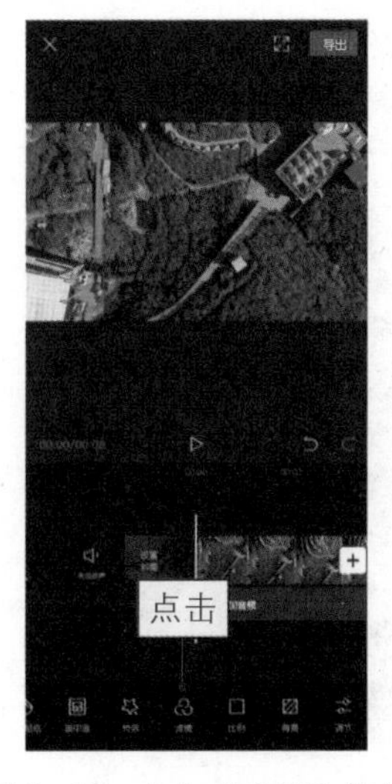

图 3-45　点击“滤镜”按钮

图 3-46　“风景”滤镜选项卡

步骤 03 可以在其中多尝试一些滤镜，选择一个与短视频风格最相符的滤镜，如图 3–47 所示。

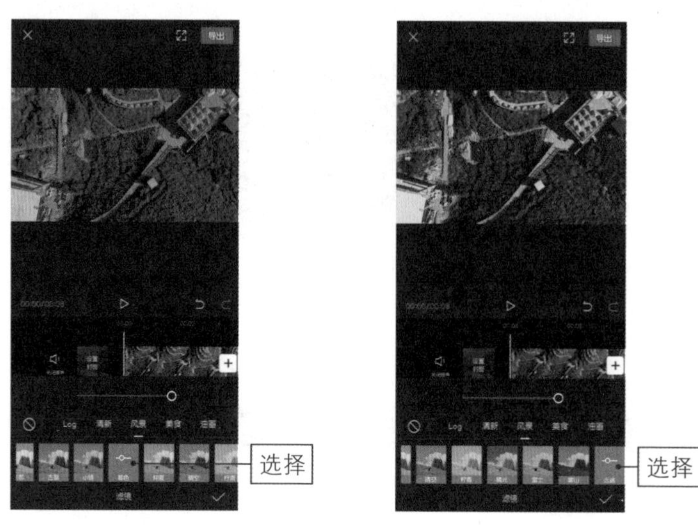

图 3–47　选择合适的滤镜效果

步骤 04 ❶ 选择“仲夏”滤镜效果；❷ 向左拖曳“滤镜”界面上方的白色圆环滑块，适当调整滤镜的应用程度参数，如图 3–48 所示。

步骤 05 执行操作后，点击✓按钮即可添加该滤镜。拖曳滤镜轨道右侧的白色拉杆，调整滤镜的持续时长，使其与视频时长保持一致，如图 3–49 所示。

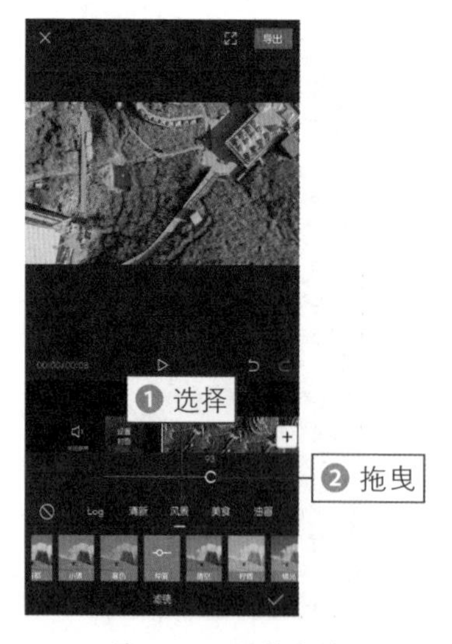

图 3–48　调整参数

图 3–49　调整滤镜持续时长

步骤 06 点击«按钮返回，拖曳时间轴至起始位置，点击“新增调节”按钮，如图 3–50 所示。

步骤 07 进入“调节”编辑界面，选择“亮度”选项，向左拖曳白色圆环滑块，将参数调节至 –33，如图 3–51 所示。

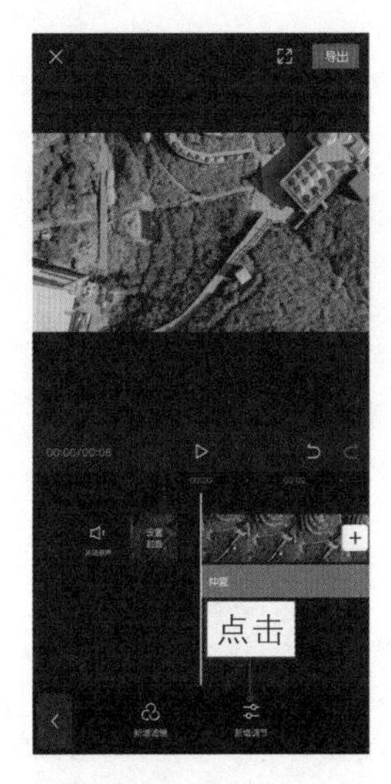

图 3–50　点击“新增调节”按钮

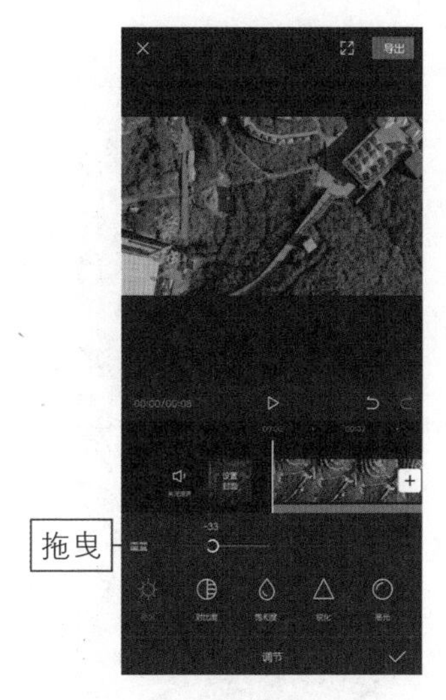

图 3–51　调节“亮度”参数

步骤 08 ❶ 选择“对比度”选项；❷ 向左拖曳白色圆环滑块，将参数调节至 –30，如图 3–52 所示。

步骤 09 ❶ 选择“饱和度”选项；❷ 向右拖曳白色圆环滑块，将参数调节至 18，如图 3–53 所示。

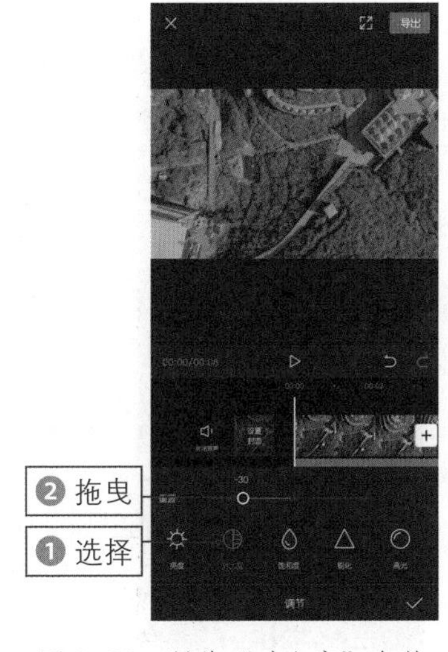

图 3–52　调节“对比度”参数

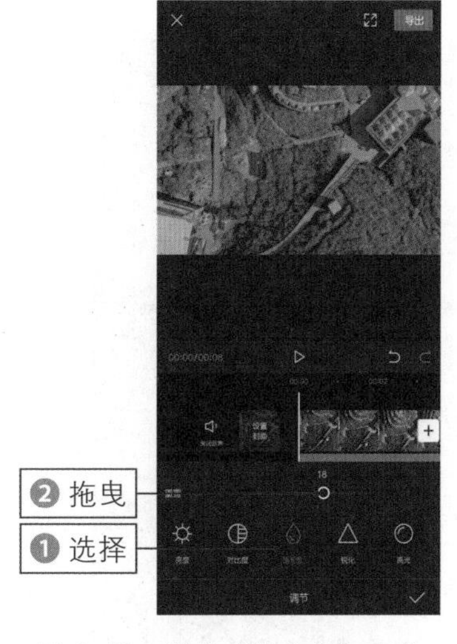

图 3–53　调节“饱和度”参数

步骤 10 ❶ 选择“锐化”选项；❷ 向右拖曳白色圆环滑块，将参数调节至 12，如图 3-54 所示。

步骤 11 ❶ 选择“色温”选项；❷ 向左拖曳白色圆环滑块，将参数调节至 -15，如图 3-55 所示。

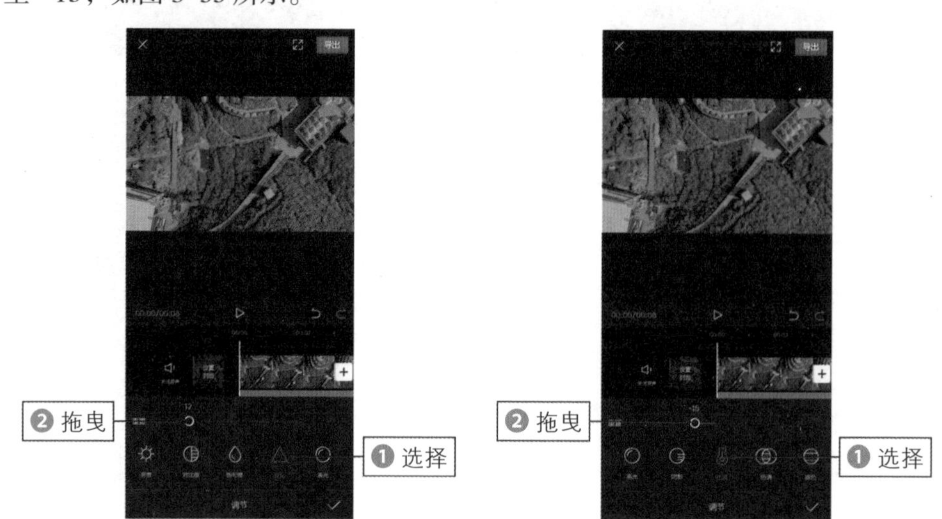

图 3-54 调节“锐化”参数　　图 3-55 调节“色温”参数

步骤 12 ❶ 选择“色调”选项；❷ 向左拖曳白色圆环滑块，将参数调节至 -28，如图 3-56 所示。

步骤 13 点击✓按钮返回，拖曳调节轨道右侧的白色拉杆，调整“调节”效果的持续时间，使其与视频时间保持一致，如图 3-57 所示。

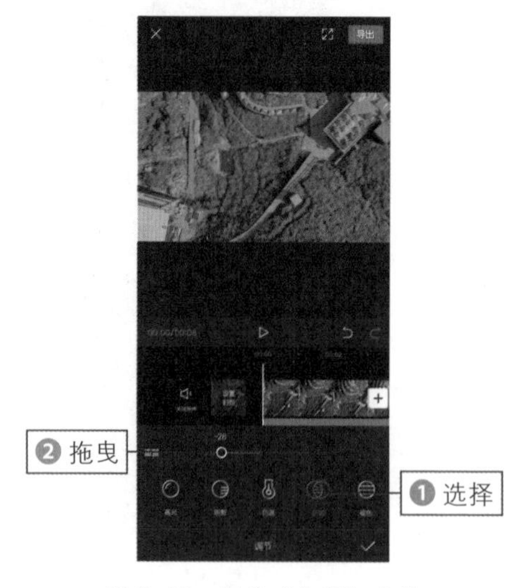

图 3-56 调节“色调”参数

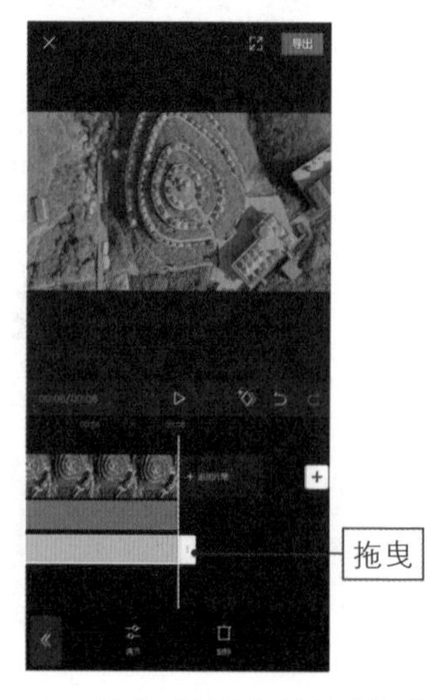

图 3-57 调整“调节”效果的持续时间

步骤 14 点击右上角的“导出”按钮，导出并预览视频，效果如图 3-58 所示。可以看到为视频中的风景添加滤镜效果后，再经过调节变得更加高清绝美。

图 3-58　导出并预览视频效果

扫码看教程

扫码看视频效果

TIPS 025 美食滤镜：让食物效果更加诱人

美食滤镜能够让美食变得更加诱人，让人看起来更有食欲。下面介绍使用剪映 App 为短视频添加美食滤镜效果的操作方法。

步骤 01 在剪映 App 中导入一个素材，点击一级工具栏中的“滤镜”按钮，如图 3-59 所示。

步骤 02 进入“滤镜”编辑界面后，切换至“美食”选项卡，如图 3-60 所示。

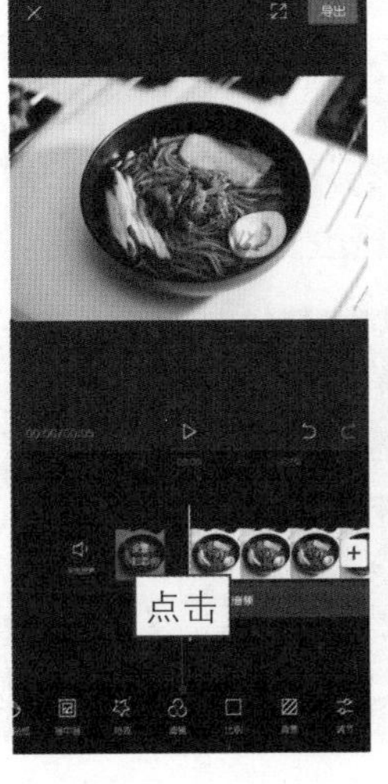

图 3-59　点击“滤镜”按钮

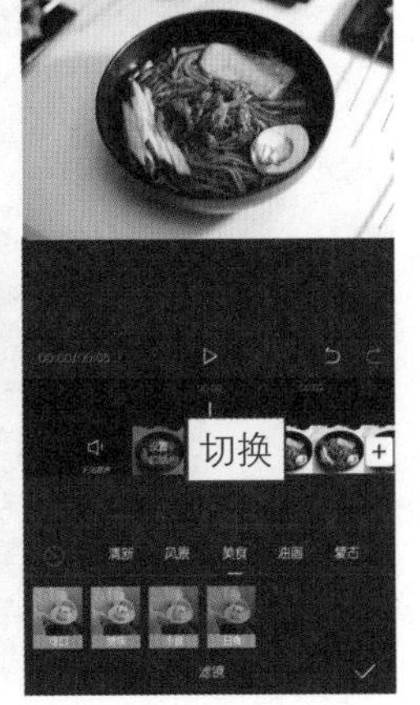

图 3-60　“美食”滤镜选项卡

步骤 03 可以在其中多尝试一些滤镜，选择一个与短视频风格最相符的滤镜，让短视频中的美食更显美味，如图 3-61 所示。

图 3-61　选择合适的滤镜效果

步骤 04 ❶ 选择“可口”滤镜效果；❷ 向左拖曳“滤镜”界面上方的白色圆环滑块，适当调整滤镜的应用程度参数，如图 3-62 所示。

步骤 05 执行操作后，点击✓按钮即可添加该滤镜。拖曳滤镜轨道右侧的白色拉杆，调整滤镜的持续时长，使其与视频时长保持一致，如图 3-63 所示。

图 3-62　调整参数

图 3-63　调整滤镜的持续时长

扫码看教程

扫码看视频效果

步骤 06 点击右上角的“导出”按钮，导出并预览视频，效果对比如图 3-64 所示。可以看到为视频添加滤镜效果后的美食变得更加诱人。

图 3-64　未添加滤镜（左）与添加滤镜（右）的效果对比

TIPS 026 复古滤镜：经典而又浓烈的画风

剪映 App 中的复古滤镜包括加州、东京、童年、美式及德古拉等效果。下面介绍使用剪映 App 为短视频添加复古滤镜效果的操作方法。

步骤 01 在剪映 App 中导入一个素材，点击一级工具栏中的“滤镜”按钮，如图 3-65 所示。

步骤 02 进入“滤镜”编辑界面后，切换至“复古”选项卡，如图 3-66 所示。

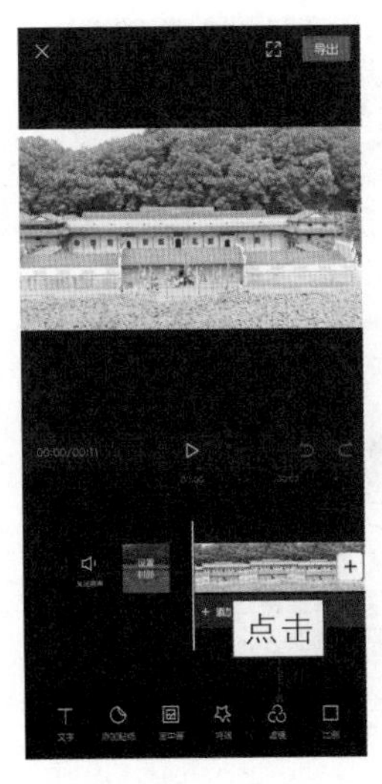

图 3-65　点击“滤镜”按钮

图 3-66　“复古”滤镜选项卡

步骤 03 可以在其中多尝试一些滤镜，选择一个与短视频风格最相符的滤镜，让短视频中的画面更带有年代感，如图 3-67 所示。

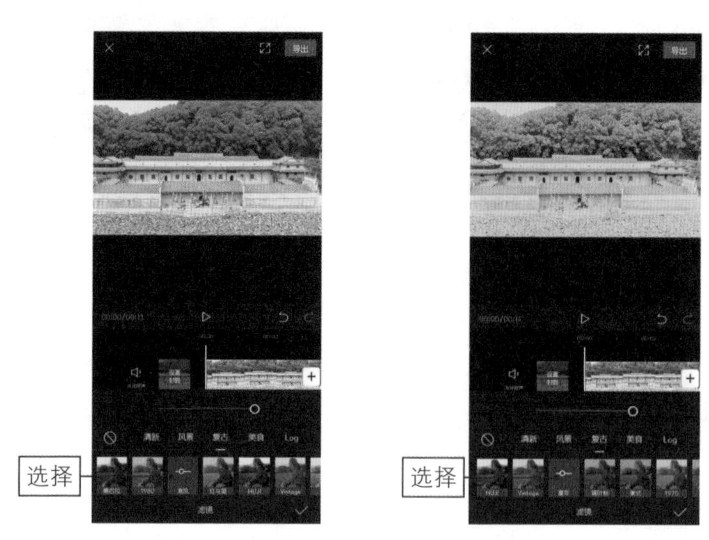

图 3-67　选择合适的滤镜效果

步骤 04 ❶ 选择“德古拉”滤镜效果；❷ 向左拖曳“滤镜”界面上方的白色圆环滑块，适当调整滤镜的应用程度参数，如图 3-68 所示。

步骤 05 执行操作后，点击✓按钮即可添加该滤镜。拖曳滤镜轨道右侧的白色拉杆，调整滤镜的持续时长，使其与视频时长保持一致，如图 3-69 所示。

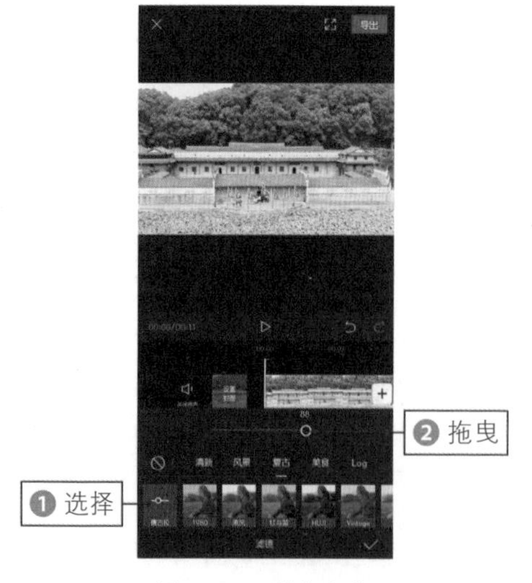

图 3-68　调整参数

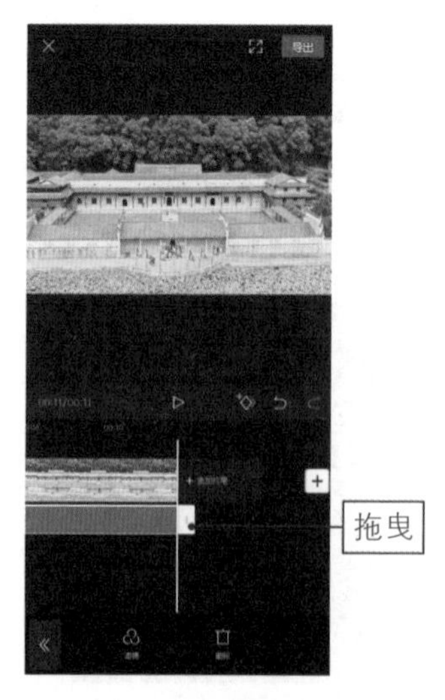

图 3-69　调整滤镜的持续时长

步骤 06 点击《按钮返回，拖曳时间轴至起始位置，点击“新增调节”按钮，如图 3-70 所示。

步骤 07 进入“调节”编辑界面，❶ 选择“亮度”选项；❷ 向左拖曳白色圆环滑块，将参数调节至 -19，如图 3-71 所示。

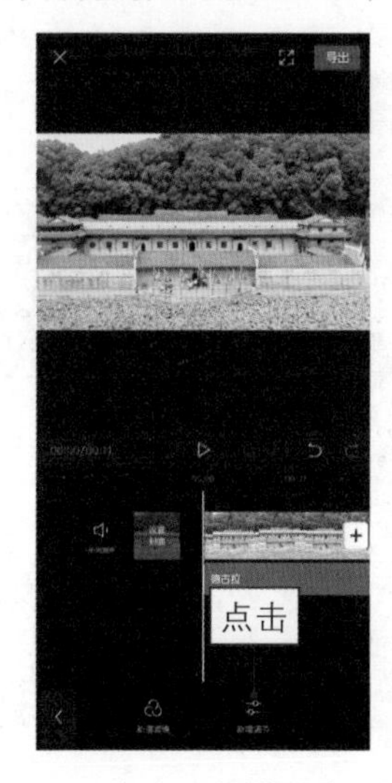

图 3-70　点击“新增调节”按钮

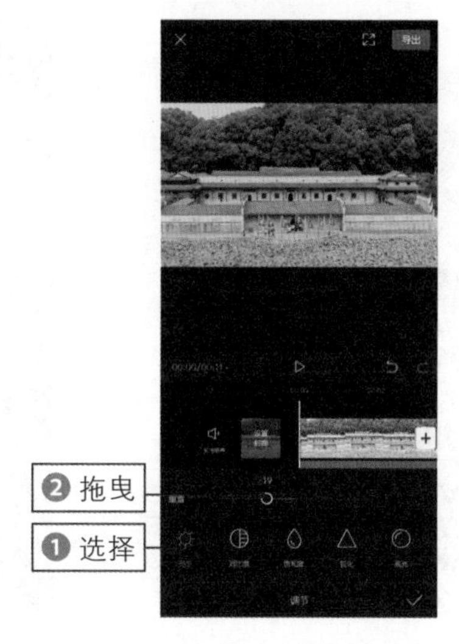

图 3-71　调节“亮度”参数

步骤 08 ❶ 选择“高光”选项；❷ 向右拖曳白色圆环滑块，将参数调节至 52，如图 3-72 所示。

步骤 09 ❶ 选择“阴影”选项；❷ 向右拖曳白色圆环滑块，将参数调节至 34，如图 3-73 所示。

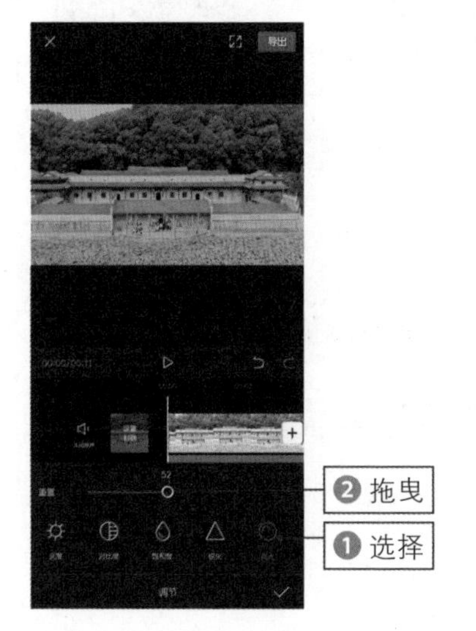

图 3-72　调节“高光”参数

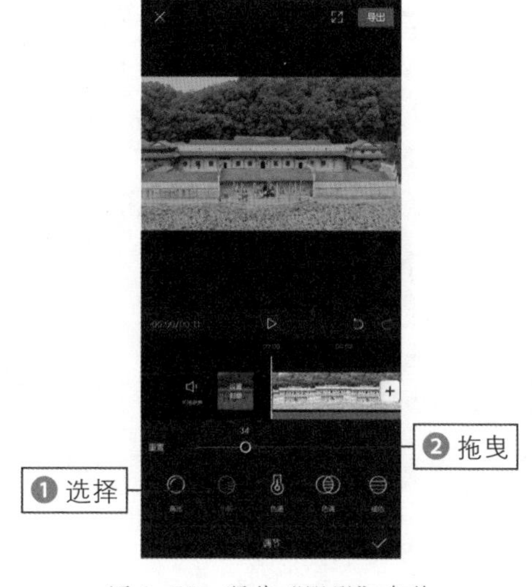

图 3-73　调节“阴影”参数

步骤 10 ❶ 选择“色温”选项；❷ 向右拖曳白色圆环滑块，将参数调节至 43，如图 3-74 所示。

步骤 11 ❶ 选择“色调”选项；❷ 向左拖曳白色圆环滑块，将参数调节至 -20，如图 3-75 所示。

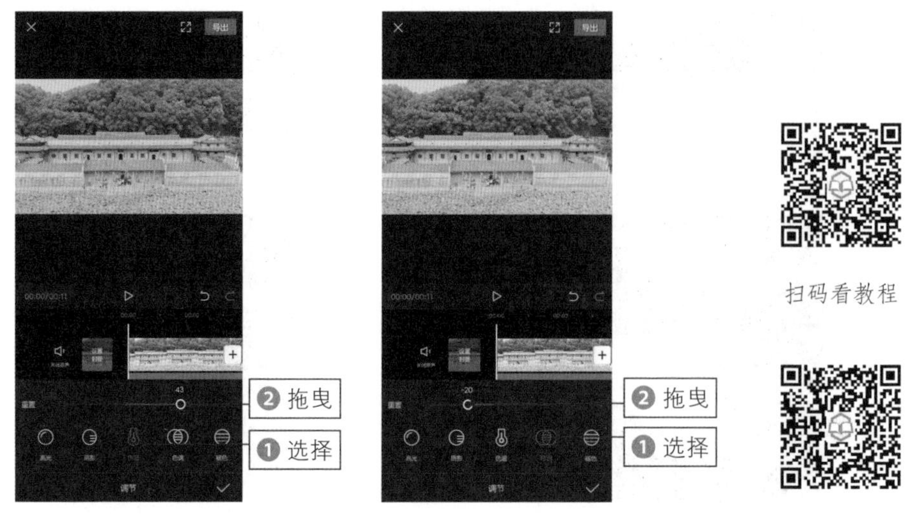

图 3-74　调节“色温”参数　　图 3-75　调节“色调”参数　　扫码看视频效果

步骤 12 点击✓按钮返回，调整调节轨道的时长，使其与视频时长保持一致。点击右上角的“导出”按钮，导出并预览视频，效果对比如图 3-76 所示。

图 3-76　未添加滤镜（左）与添加滤镜（右）的效果对比

胶片滤镜：让你拥有高级大片感

剪映 App 中的胶片滤镜包括哈苏、柯达、菲林及过期卷等效果。下面介绍使用剪映 App 为短视频添加胶片滤镜效果的操作方法。

步骤 01 在剪映 App 中导入一个素材，点击一级工具栏中的“滤镜”按钮，如图 3–77 所示。

步骤 02 进入“滤镜”编辑界面后，切换至“胶片”选项卡，如图 3–78 所示。

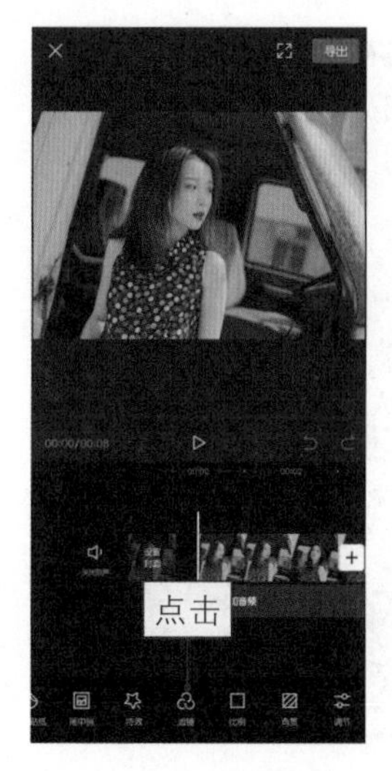

图 3–77　点击“滤镜”按钮

图 3–78　“胶片”滤镜选项卡

步骤 03 可以在其中多尝试一些滤镜，选择一个与短视频风格最相符的滤镜，如图 3–79 所示。

图 3–79　选择合适的滤镜效果

步骤 04 ❶ 选择 KU4 滤镜效果；❷ 向左拖曳“滤镜”界面上方的白色圆环滑块，适当调整滤镜的应用程度参数，如图 3–80 所示。

步骤 05 执行操作后，点击✓按钮即可添加该滤镜。拖曳滤镜轨道右侧的白色拉杆，调整滤镜的持续时长，使其与视频时长保持一致，如图 3–81 所示。

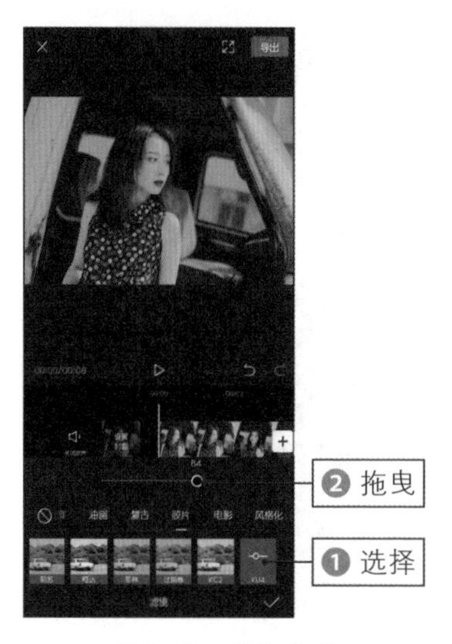

图 3–80 调整参数

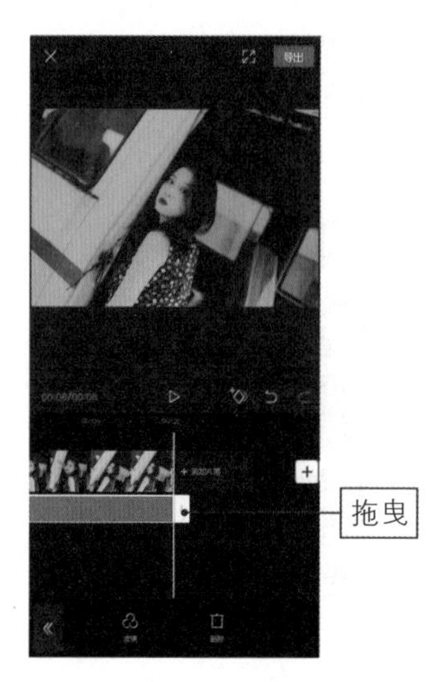

图 3–81 调整滤镜的持续时长

步骤 06 点击右上角的“导出”按钮，导出并预览视频，效果如图 3–82 所示。可以看到添加了胶片滤镜后的视频画面每一帧都仿佛是用相机拍出来的一样，非常具有文艺感。

图 3–82 导出并预览视频效果

扫码看教程

扫码看视频效果

TIPS•
028

电影滤镜：多种百搭的电影风格

剪映 App 中的电影滤镜包括情书、海街日记、闻香识人、敦刻尔克及春光乍泄等效果。下面介绍使用剪映 App 为短视频添加电影滤镜效果的操作方法。

步骤 01　在剪映 App 中导入一个素材，选中视频轨道，点击下方工具栏中的“滤镜”按钮，如图 3-83 所示。

步骤 02　进入“滤镜”编辑界面后，切换至“电影”选项卡，如图 3-84 所示。

步骤 03　可以在其中多尝试一些滤镜，选择一个与短视频风格最相符的滤镜，如图 3-85 所示。

步骤 04　❶ 选择“海街日记”滤镜效果；❷ 向左拖曳“滤镜”界面上方的白色圆环滑块，适当调整滤镜的应用程度参数，如图 3-86 所示。

步骤 05　点击 ✓ 按钮即可添加该滤镜，因为第一步选中了该视频轨道，所以这里没有显示添加的滤镜轨道，默认为整条视频轨道添加该滤镜，如图 3-87 所示。

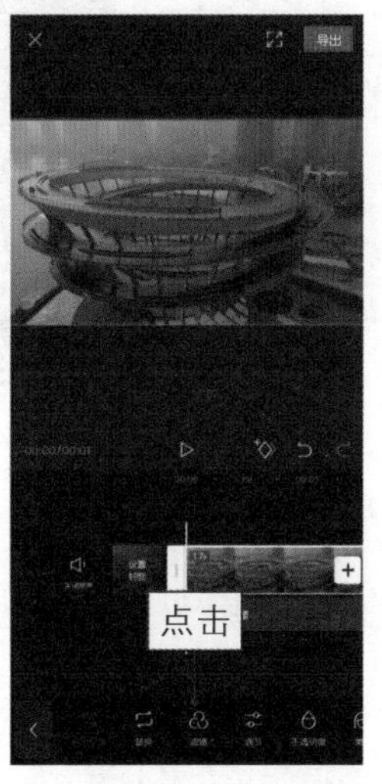

图 3-83　点击“滤镜”按钮

切换

图 3-84　“电影”滤镜选项卡

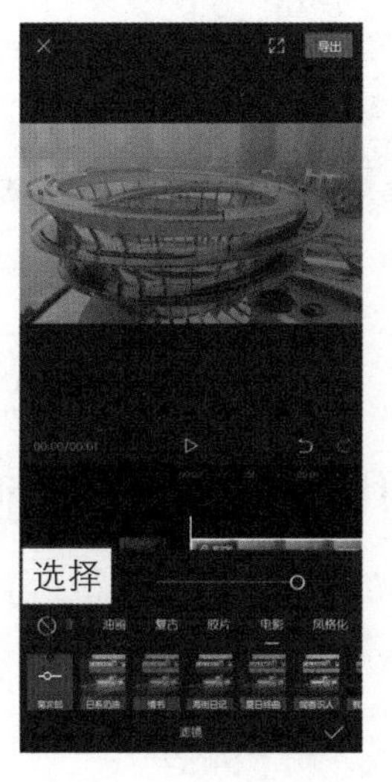

图 3-85　选择合适的滤镜效果

图 3-86　调整参数

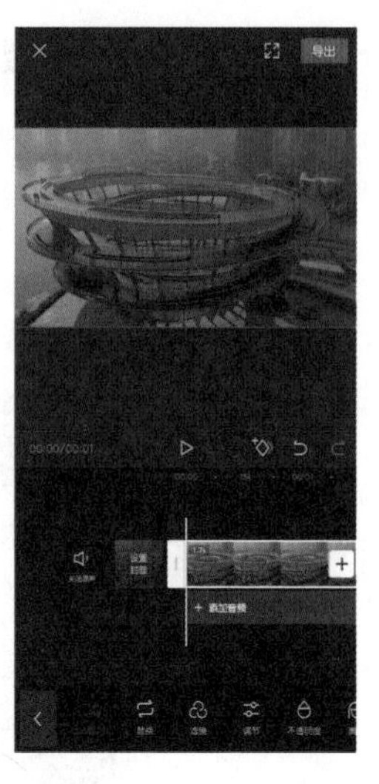

图 3-87　添加滤镜

扫码看教程

扫码看视频效果

步骤 06 点击右上角的“导出”按钮，导出并预览视频，效果对比如图 3–88 所示。可以看到添加了电影滤镜后的视频画面色调更加高级，更有大片的既视感。

图 3–88　未添加滤镜（左）与添加滤镜（右）的效果对比

TIPS• 029 风格化滤镜：经典独特滤镜系列

剪映 App 中的风格化滤镜包括江浙沪、黑金、牛皮纸、蒸汽波及赛博朋克等效果。下面介绍使用剪映 App 为短视频添加风格化滤镜效果的操作方法。

步骤 01 在剪映 App 中导入一个素材，选择视频轨道，点击下方工具栏中的“滤镜”按钮，如图 3–89 所示。

步骤 02 进入“滤镜”编辑界面，切换至“风格化”选项卡，如图 3-90 所示。

图 3-89　点击“滤镜”按钮

图 3-90　“风格化”滤镜选项卡

步骤 03 可以在其中多尝试一些滤镜，选择一个与短视频风格最相符的滤镜，如图 3-91 所示。

图 3-91　选择合适的滤镜效果

步骤 04 ❶ 选择“蒸汽波”滤镜效果；❷ 向左拖曳“滤镜”界面上方的白色圆环滑块，适当调整滤镜的应用程度参数，如图 3-92 所示。

步骤 05 执行操作后，点击✓按钮返回。点击下方工具栏中的“调节”按钮，如图 3-93 所示。

图 3-92　调整参数

图 3-93　点击“调节”按钮

步骤 06 进入“调节”编辑界面，❶ 选择“亮度”选项；❷ 向右拖曳白色圆环滑块，将参数调节至 14，如图 3-94 所示。

步骤 07 ❶ 选择“对比度”选项；❷ 向右拖曳白色圆环滑块，将参数调节至 14，如图 3-95 所示。

图 3-94　调节“亮度”参数

图 3-95　调节“对比度”参数

步骤 08 ❶ 选择“饱和度”选项；❷ 向右拖曳白色圆环滑块，将参数调节至 37，如图 3–96 所示。

步骤 09 ❶ 选择“色温”选项；❷ 向左拖曳白色圆环滑块，将参数调节至 –15，如图 3–97 所示。

图 3–96　调节“饱和度”参数

图 3–97　调节“色温”参数

步骤 10 点击右上角的“导出”按钮，导出并预览视频，效果如图 3–98 所示。可以看到添加了风格化滤镜的视频变得更加具有神秘感，与原来的视频反差较大。

图 3–98　导出并预览视频效果

扫码看教程

扫码看视频效果

第 4 章

视频过渡：11 个技巧让你学会无缝转场

用户在制作短视频时，可以根据不同场景的需要，添加合适的转场效果和动画效果，让画面之间的切换变得更加自然流畅。剪映 App 中包含了大量的转场效果和动画效果，本章将介绍基础转场、运镜转场、MG 转场、滑动入场、甩入入场、旋转出场及组合动画等 11 种效果，让你的短视频产生更强的冲击力。

基础转场：让视频更流畅自然

剪映 App 中有叠化、闪黑、闪白、色彩溶解及眨眼等基础转场效果。

下面介绍使用剪映 App 为短视频添加基础转场效果的操作方法。

步骤 01 在剪映 App 中导入相应的素材，点击两个片段中间的 I 图标，如图 4–1 所示。

步骤 02 执行操作后，进入“转场”编辑界面，如图 4–2 所示。

步骤 03 在“基础转场”选项卡中选择“向右擦除”转场效果，如图 4–3 所示。

步骤 04 适当向右拖曳“转场时长”滑块，可调整转场效果的持续时间，如图 4–4 所示。

图 4–1　点击相应图标按钮

图 4–2　“转场”编辑界面

图 4–3　选择“向右擦除”转场效果

图 4–4　调整转场时长

步骤 05 依次点击“应用到全部”按钮和 ✓ 按钮，确认添加转场效果，点击第 2 个视频片段和第 3 个视频片段中间的 ⋈ 图标，如图 4–5 所示。

步骤 06 ❶ 在“基础转场”选项卡中选择“眨眼”转场效果；❷ 适当拖曳“转场时长”滑块，调整转场效果的持续时间，如图 4–6 所示。

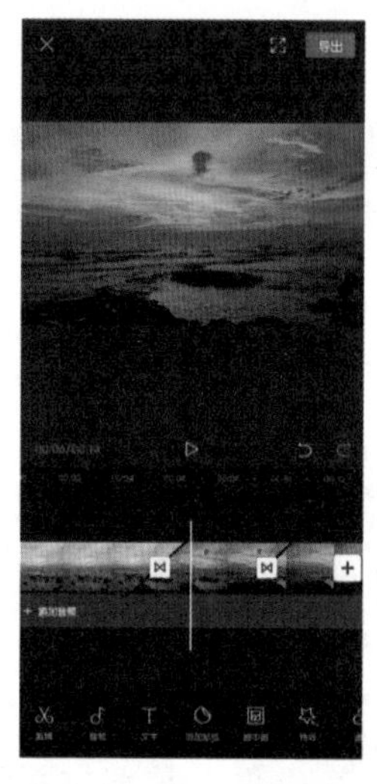

图 4–5 点击相应图标按钮

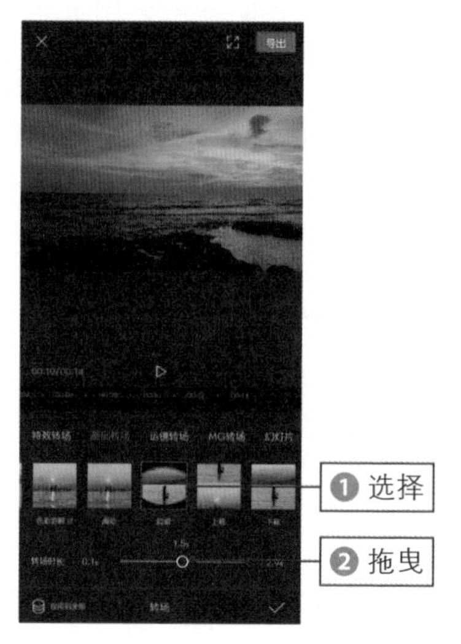

图 4–6 调整转场时长

步骤 07 点击 ✓ 按钮，即可为视频添加不同的转场效果。添加合适的背景音乐，点击右上角的“导出”按钮，导出并预览视频，效果如图 4–7 所示。可以看到添加转场后，能够让不同场景的视频画面更加流畅地组合在一起。

图 4–7 导出并预览视频效果

扫码看教程

扫码看视频效果

TIPS• 031 运镜转场：运用镜头过渡转场

剪映 App 中有推近、拉远、顺时针旋转、向下及向左下等运镜转场效果。

下面介绍使用剪映 App 为短视频添加运镜转场效果的操作方法。

步骤 01 在剪映 App 中导入相应的素材，点击两个片段中间的 I 图标，如图 4-8 所示。

步骤 02 执行操作后，进入“转场”编辑界面，如图 4-9 所示。

步骤 03 ❶ 切换至“运镜转场”选项卡；❷ 找到并选择“推近”转场效果，如图 4-10 所示。

步骤 04 适当向右拖曳“转场时长”滑块，调整转场效果的持续时间，如图 4-11 所示。

图 4-8　点击相应图标按钮

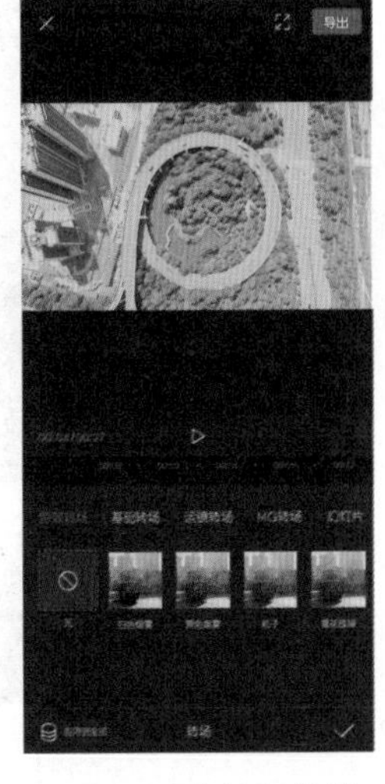

图 4-9　“转场”编辑界面

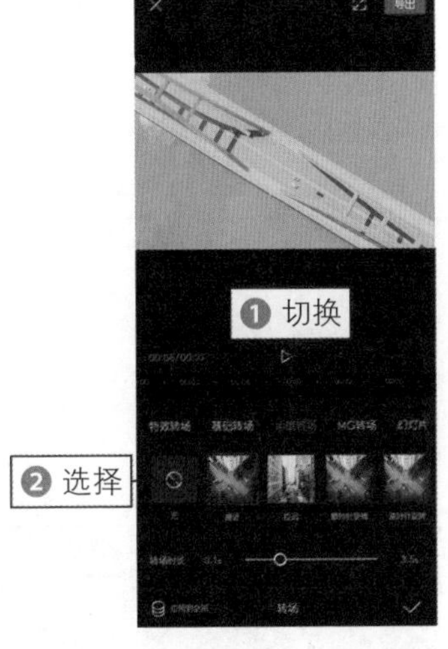

图 4-10　选择“推近”转场效果

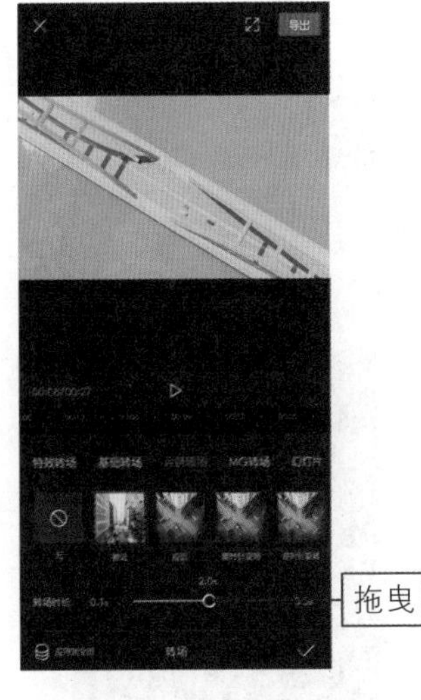

图 4-11　调整转场时长

步骤 05 点击 ✓ 按钮，确认添加该转场效果。点击第 2 个视频片段和第 3

个视频片段中间的▯图标，如图 4–12 所示。

步骤 06 ❶ 在“运镜转场”选项卡中选择“顺时针旋转”转场效果；❷ 适当拖曳“转场时长”滑块，调整转场效果的持续时间，如图 4–13 所示。

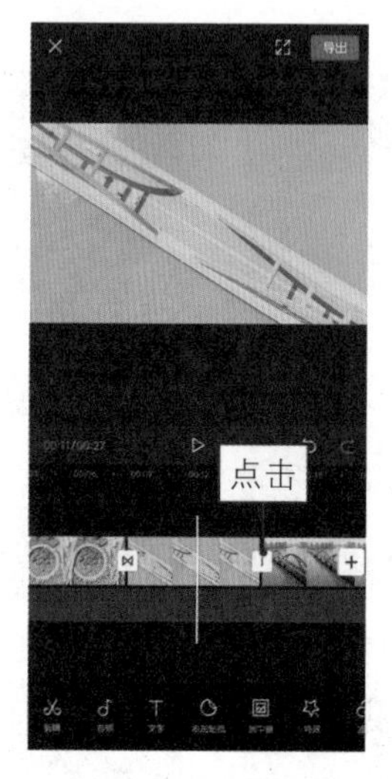

图 4–12　点击相应图标按钮

图 4–13　调整转场时长

步骤 07 点击✓按钮，确认添加该转场效果。点击第 3 个视频片段和第 4 个视频片段中间的▯图标，如图 4–14 所示。

步骤 08 ❶ 选择“拉远”转场效果；❷ 适当拖曳“转场时长”滑块，调整转场效果的持续时间，如图 4–15 所示。

图 4–14　点击相应图标按钮

图 4–15　调整转场时长

步骤 09 添加合适的背景音乐，点击“导出”按钮，导出并预览视频，效果如图 4–16 所示。可以看到画面之间添加了运镜转场后，画面之间的过渡更加灵活炫酷。

图 4-16　导出并预览视频效果

扫码看教程

扫码看视频效果

TIPS• 032 MG 转场：水波线条流动转场

剪映 App 中有水波卷动、白色墨花、动漫漩涡及箭头向右等 MG 转场效果。

下面介绍使用剪映 App 为短视频添加 MG 转场效果的操作方法。

步骤 01 在剪映 App 中导入相应的素材，点击两个片段中间的 I 图标，如图 4–17 所示。

步骤 02 执行操作后，进入“转场”编辑界面，如图 4–18 所示。

图 4-17　点击相应图标按钮

图 4-18　“转场”编辑界面

步骤 03 ❶ 切换至“MG 转场”选项卡；❷ 选择“水波卷动”转场效果，如图 4-19 所示。

步骤 04 适当向右拖曳“转场时长”滑块，调整转场效果的持续时间，如图 4-20 所示。

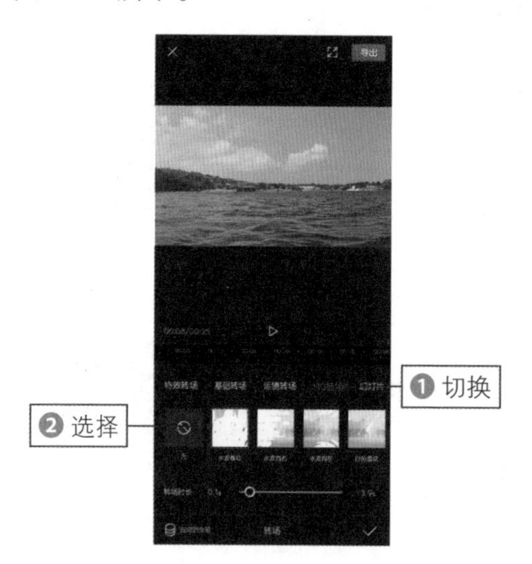

图 4-19 选择“水波卷动”转场效果

点击

图 4-20 调整转场时长

步骤 05 点击✓按钮，确认添加该转场效果。点击第 2 个视频片段和第 3 个视频片段中间的 | 图标，如图 4-21 所示。

步骤 06 ❶ 在“MG 转场”选项卡中选择“水波向右”转场效果；❷ 适当拖曳“转场时长”滑块，调整转场效果的持续时间，如图 4-22 所示。

图 4-21 点击相应图标按钮

图 4-22 调整转场时长

步骤 07　执行操作后，添加合适的背景音乐，点击右上角的“导出”按钮，导出并预览视频，效果如图 4-23 所示。可以看到画面之间添加了 MG 转场后，画面之间的过渡更加富有青春活力。

图 4-23　导出并预览视频效果

扫码看教程

扫码看视频效果

TIPS 033 幻灯片转场：让视频自然连接

剪映 App 中有翻页、回忆、立方体、圆形扫描及百叶窗等幻灯片转场效果。

下面介绍使用剪映 App 为短视频添加幻灯片转场效果的操作方法。

步骤 01　在剪映 App 中导入相应的素材，点击两个片段中间的丨图标，如图 4-24 所示。

步骤 02　进入“转场”编辑界面后，切换至“幻灯片”选项卡，如图 4-25 所示。

图 4-24　点击相应图标按钮

图 4-25　“幻灯片”选项卡

步骤 03 ❶ 选择“开幕”转场效果；❷ 适当向右拖曳“转场时长”滑块，调整转场效果的持续时间，如图 4-26 所示。

步骤 04 点击✓按钮返回，采用同样的操作方法为其他画面之间添加合适的转场效果，如图 4-27 所示。

图 4-26 调整转场时长

图 4-27 为其他画面添加转场效果

步骤 05 添加合适的背景音乐，点击“导出”按钮，导出并预览视频，效果如图 4-28 所示。可以看到为美食视频添加了幻灯片转场后，画面之间的切换更加自然美观。

扫码看教程

图 4-28 导出并预览视频效果

扫码看视频效果

TIPS 034 特效转场：为短视频添姿增色

剪映 App 中有粒子、雪花故障、放射、马赛克及闪动光斑等特效转场效果。下面介绍使用剪映 App 为短视频添加特效转场效果的操作方法。

步骤 01 在剪映 App 中导入相应的素材，点击两个片段中间的 图标，如图 4–29 所示。

步骤 02 进入“转场”编辑界面后，在“特效转场”选项卡中选择“闪动光斑”转场效果，如图 4–30 所示。

步骤 03 适当向右拖曳“转场时长”滑块，调整转场效果的持续时间，如图 4–31 所示。

步骤 04 点击 按钮返回，采用同样的操作方法为其他画面之间添加合适的转场效果，如图 4–32 所示。

图 4–29　点击相应图标按钮

图 4–30　选择“闪动光斑”转场效果

图 4–31　调整转场时长

图 4–32　为其他画面添加转场效果

步骤 05 添加合适的背景音乐，点击右上角的“导出”按钮，导出并预览视频，效果如图 4–33 所示。可以看到添加了特效转场后的画面过渡更加炫酷。

图 4–33 导出并预览视频效果

扫码看教程

扫码看视频效果

TIPS 035 遮罩转场：实现大师级的转场

剪映 App 中有圆形遮罩、星星、爱心、爱心冲击及水墨等遮罩转场效果。下面介绍使用剪映 App 为短视频添加遮罩转场效果的操作方法。

步骤 01 在剪映 App 中导入相应的素材，点击两个片段中间的 I 图标，如图 4–34 所示。

步骤 02 进入“转场”编辑界面后，切换至“遮罩转场”选项卡，如图 4–35 所示。

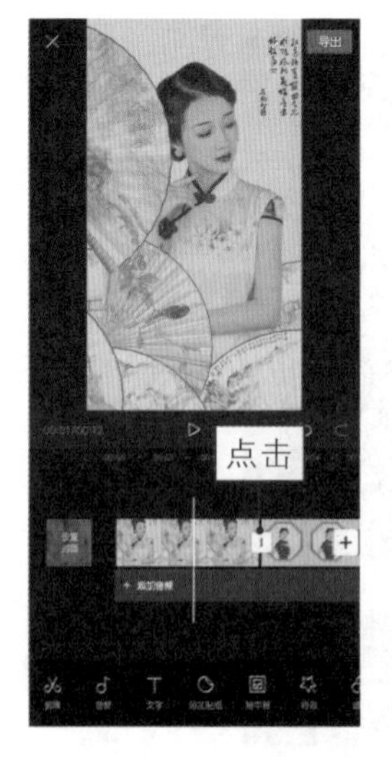

图 4–34 点击相应图标按钮

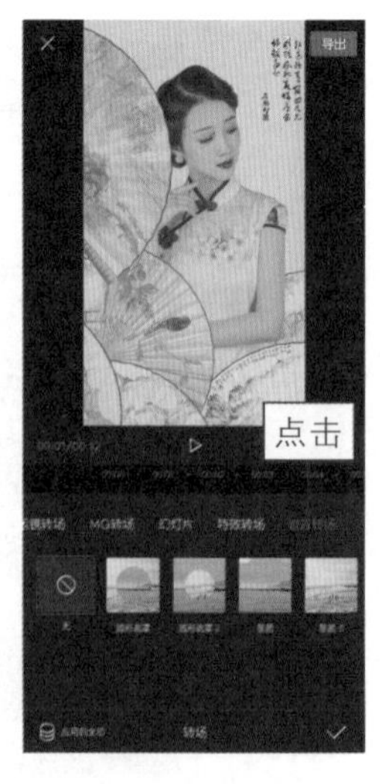

图 4–35 “遮罩转场”选项卡

步骤 03 选择“水墨”转场效果，如图 4–36 所示。

步骤 04 适当拖曳“转场时长”滑块，调整转场效果的持续时间，如图 4–37 所示。

图 4–36　选择“水墨”转场效果

图 4–37　调整转场时长

步骤 05 依次点击“应用到全部”按钮和✓按钮，确认添加转场效果。点击第 2 个视频片段和第 3 个视频片段中间的 ⋈ 图标，如图 4–38 所示。

步骤 06 ❶ 选择“画笔擦除”转场效果；❷ 适当向右拖曳“转场时长”滑块，调整转场效果的持续时间，如图 4–39 所示。

图 4–38　点击相应图标按钮

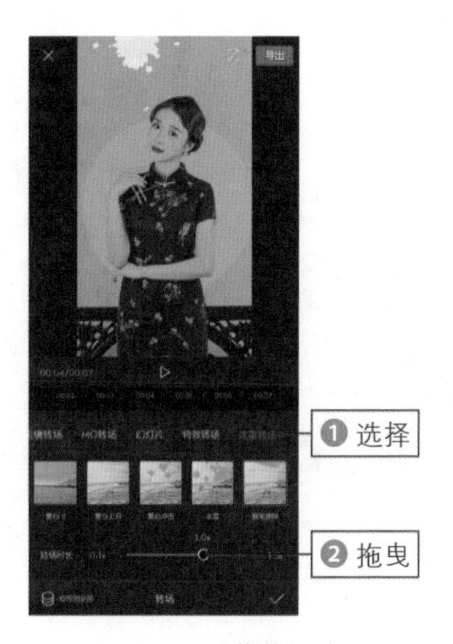

图 4–39　调整转场时长

步骤 07 添加合适的背景音乐，点击“导出”按钮，导出并预览视频，效果如图 4-40 所示。可以看到添加了水墨特效转场后的视频画面之间的过渡更加唯美。

扫码看教程

扫码看视频效果

图 4-40　导出并预览视频效果

TIPS● 036

滑动入场：上下左右滑入视频

剪映 App 中的动画分为入场动画、出场动画和组合动画 3 类。入场动画包括渐显、轻微放大、缩小、向下滑动及漩涡旋转等动画效果。下面介绍使用剪映 App 为短视频添加滑动入场动画效果的操作方法。

步骤 01 在剪映 App 中导入相应的素材，选择第 1 个视频片段，如图 4-41 所示。

步骤 02 进入视频片段的“剪辑”界面，点击底部的“动画”按钮，如图 4-42 所示。

步骤 03 调出动画菜单，点击“入场动画”按钮，如图 4-43 所示。

步骤 04 执行操作后，选择“向右滑动”动画效果，如图 4-44 所示。

图 4-41　选择相应的视频片段

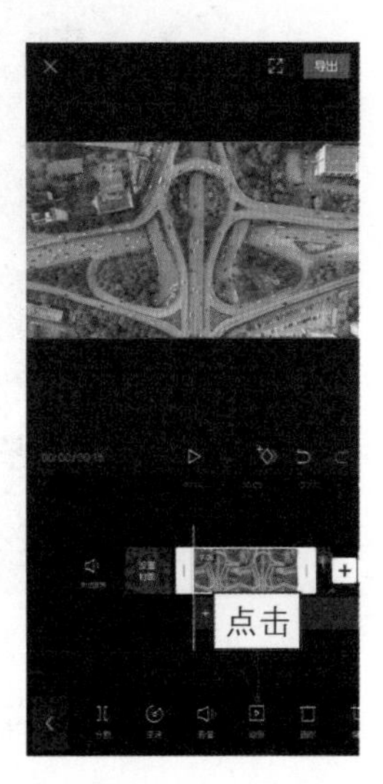

图 4-42　点击“动画”按钮

图 4-43　点击“入场动画”按钮

图 4-44　选择“向右滑动”动画效果

步骤 05 根据需要适当向右拖曳白色的圆环滑块，调整“动画时长”选项，如图 4-45 所示。

步骤 06 点击 ✓ 按钮添加动画效果，如图 4-46 所示。

图 4-45 调整“动画时长”选项

图 4-46 添加动画效果

步骤 07 ❶ 选择第 2 个视频片段；❷ 点击“入场动画”按钮，如图 4-47 所示。

步骤 08 ❶ 选择“向下滑动”动画效果；❷ 适当向右拖曳白色的圆环滑块，调整“动画时长”选项，如图 4-48 所示。

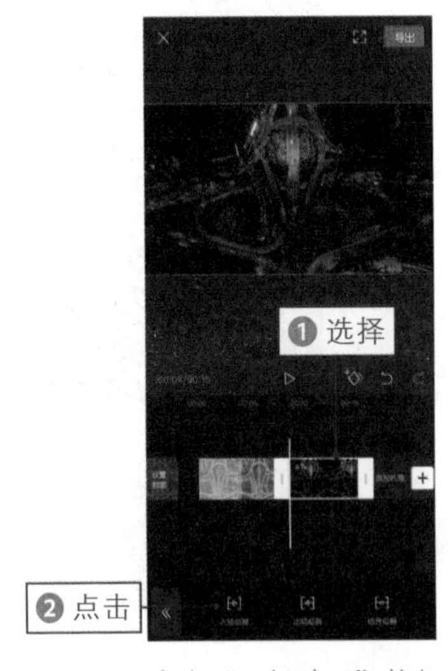

图 4-47 点击“入场动画”按钮

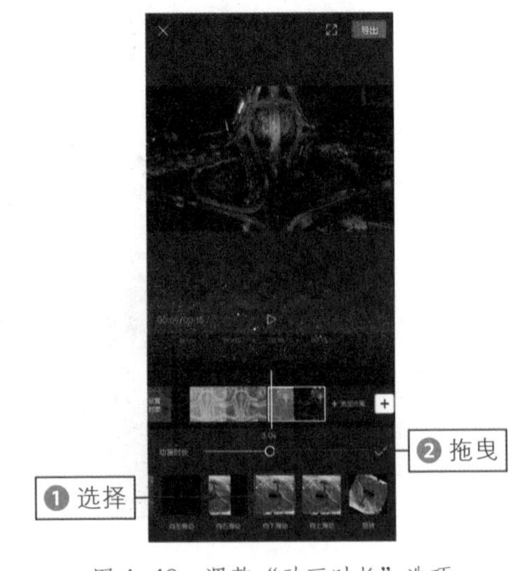

图 4-48 调整“动画时长”选项

步骤 09 点击✓按钮，确认添加多个动画效果。添加合适的背景音乐，点击右上角的“导出”按钮，可以看到第 1 个视频从左边缓缓滑入画面，第 2 个视频从上面缓缓向下滑动的动画效果，如图 4-49 所示。

图 4-49　导出并预览视频效果

扫码看教程

扫码看视频效果

TIPS 037 甩入入场：上下左右进入视频

剪映 App 中还有雨刷、钟摆、动感放大及向右甩入等入场动画效果。下面介绍使用剪映 App 为短视频添加甩入入场动画效果的操作方法。

步骤 01 在剪映 App 中导入相应的素材，选择第 1 个视频片段，如图 4-50 所示。

步骤 02 进入视频片段的剪辑界面后，依次点击工具栏中的“动画”按钮和“入场动画”按钮，如图 4-51 所示。

图 4-50　选择相应的视频片段

图 4-51　点击“入场动画”按钮

步骤 03 ❶ 选择“向左下甩入”动画效果；❷ 适当向右拖曳白色的圆环滑块，调整“动画时长”选项，如图 4-52 所示。

步骤 04 点击✓按钮返回，采用同样的操作方法为第 2 个视频添加合适的动画效果。视频轨道中的蓝色区域为添加入场动画效果的时间段，如图 4-53 所示。

图 4-52 调整“动画时长”选项

图 4-53 动画效果的时间段

步骤 05 添加合适的背景音乐，点击右上角的“导出”按钮，导出并预览视频，效果如图 4-54 所示。可以看到第 1 个视频从左下角快速甩入，第 2 个视频也从左边快速甩入，让视频的入场颇富动感。

图 4-54 导出并预览视频效果

扫码看教程

扫码看视频效果

TIPS
038

缩放出场：缩小放大离开画面

出场动画包括渐隐、轻微放大、放大及缩小等动画效果。下面介绍使用剪映 App 为短视频添加缩放出场动画效果的操作方法。

步骤 01 在剪映 App 中导入相应的素材，选择第 1 个视频片段，如图 4–55 所示。

步骤 02 进入视频片段的剪辑界面后，依次点击工具栏中的“动画”按钮和“出场动画”按钮，如图 4–56 所示。

步骤 03 执行操作后，选择“放大”动画效果，如图 4–57 所示。

步骤 04 适当向右拖曳白色的圆环滑块，调整“动画时长”选项，如图 4–58 所示。

图 4–55　选择相应的视频片段

点击

图 4–56　点击“出场动画”按钮

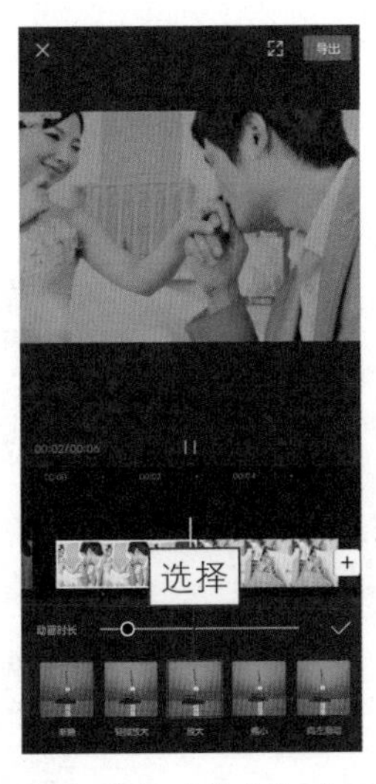

图 4–57　选择“放大”动画效果

图 4–58　调整“动画时长”选项

步骤 05 ❶ 选择第 2 个视频片段；❷ 选择“缩小”动画效果；❸ 适当向右拖曳白色的圆环滑块，调整“动画时长”选项，如图 4–59 所示。

步骤 06 点击✓按钮添加动画效果，视频轨道中的红色区域为添加出场动画效果的时间段，如图 4-60 所示。

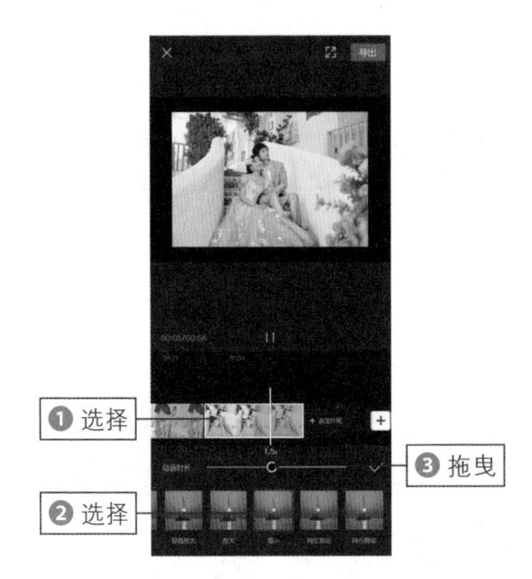

图 4-59 调整“动画时长”选项

图 4-60 动画效果的时间段

步骤 07 添加合适的背景音乐，点击“导出”按钮，导出并预览视频，效果如图 4-61 所示。可以看到第 1 个视频结尾放大，第 2 个视频结尾缩小的动画效果。

图 4-61 导出并预览视频效果

扫码看教程

扫码看视频效果

TIPS● 039

旋转出场：翻转视频离开画面

剪映 App 中有旋转、漩涡旋转、镜像翻转及向上转出等出场动画效果。下面介绍使用剪映 App 为短视频添加旋转出场动画效果的操作方法。

步骤 01 在剪映 App 中导入相应的素材，如图 4-62 所示。

步骤 02 ❶ 选择第 1 个视频片段；❷ 依次点击工具栏中的“动画”按钮和“出场动画”按钮，如图 4-63 所示。

步骤 03 ❶ 选择“漩涡旋转”动画效果；❷ 适当向右拖曳白色的圆环滑块，调整“动画时长”选项，如图 4-64 所示。

步骤 04 ❶ 选择第 2 个视频片段；❷ 选择“向上转出 II”动画效果；❸ 适当向右拖曳白色的圆环滑块，调整“动画时长”选项，如图 4-65 所示。

图 4-62　导入相应的素材

图 4-63　点击“出场动画”按钮

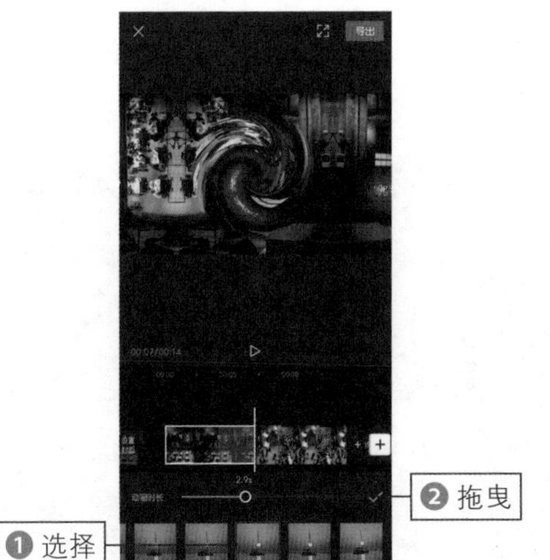

图 4-64　调整“动画时长”选项（1）

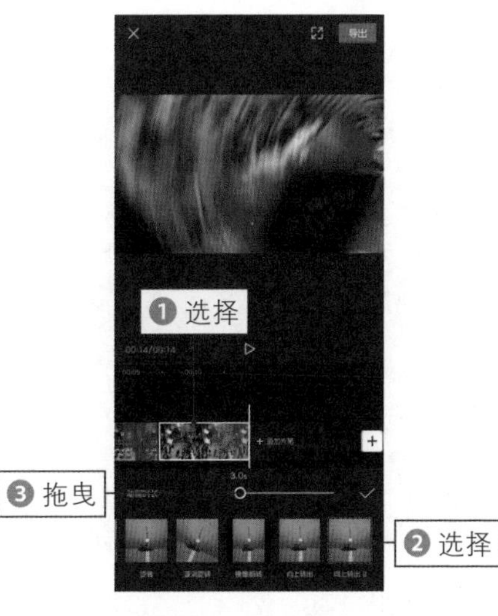

图 4-65　调整“动画时长”选项（2）

步骤 05 执行操作后，添加合适的背景音乐，点击右上角的“导出”按钮，导出并预览视频，效果如图 4-66 所示。可以看到第 1 个视频结尾旋转后形成了一个漩涡，第 2 个视频结尾向右上角转出的动画效果。

图 4-66 导出并预览视频效果

扫码看教程

扫码看视频效果

TIPS 040 组合动画：形成视频无缝转场

剪映 App 中有旋转降落、旋转缩小、三分割及荡秋千等近百种组合动画效果。下面介绍使用剪映 App 为短视频添加组合动画效果的操作方法。

步骤 01 在剪映 App 中导入相应的素材，❶ 选择第 1 个视频片段；❷ 点击“动画”按钮，如图 4-67 所示。

步骤 02 执行操作后，点击下方工具栏中的“组合动画”按钮，如图 4-68 所示。

图 4-67 点击“动画”按钮

图 4-68 点击“组合动画”按钮

步骤 03 进入组合动画界面后，选择“晃动旋出”动画效果，如图 4–69 所示。

步骤 04 ❶ 选择第 2 个视频片段；❷ 选择“碎块滑动”动画效果，如图 4–70 所示。

图 4–69　选择“晃动旋出”动画效果

图 4–70　选择“碎块滑动”动画效果

步骤 05 ❶ 选择第 3 个视频片段；❷ 选择“碎块滑动 II”动画效果，如图 4–71 所示。

步骤 06 点击✓按钮添加动画效果，视频轨道中的黄色区域为添加组合动画效果的时间段，如图 4–72 所示。

图 4–71　调整动画的持续时长

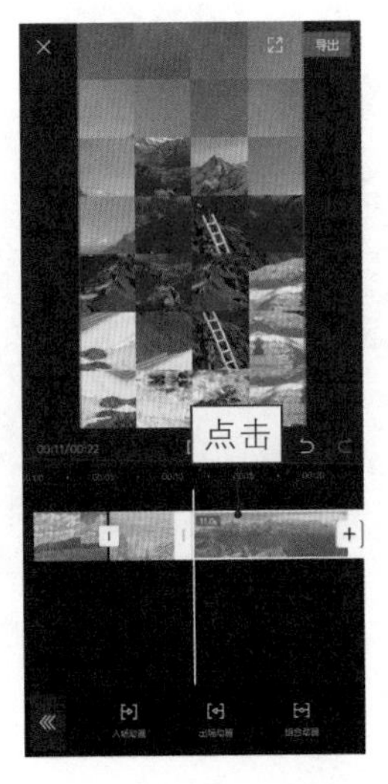

图 4–72　动画效果的时间段

步骤 07 添加合适的背景音乐，点击右上角的“导出”按钮，导出并预览视频，效果如图 4–73 所示。可以看到第 1 个视频画面从大慢慢缩小；第 2 个视频从侧面慢慢转正，停顿一下再变成多个碎片；第 3 个视频一开始是由多个碎片组成，慢慢变成一个画面。

扫码看教程

扫码看视频效果

图 4–73　导出并预览视频效果

第 5 章

音频剪辑：8 个技巧成为你的点睛之笔

音频是短视频中非常重要的内容元素，一个好的背景音乐或者语音旁白，能够让作品不费吹灰之力就能成为热门。本章主要介绍短视频的音频处理技巧，包括录制语言、添加音频、裁剪音频、淡化音频、变声效果、添加音效及自动踩点等 8 种技巧，帮助读者快速学会处理后期音频的操作技巧。

TIPS 041 录制语音：为视频添加语音旁白

扫码看教程

语音旁白是视频中必不可少的一个元素。下面介绍使用剪映 App 录制语音旁白的具体操作方法。

步骤 01 在剪映 App 中导入一个素材，点击“关闭原声”按钮，将短视频原声设置为静音，如图 5-1 所示。

步骤 02 点击“音频”按钮进入其编辑界面，点击“录音”按钮，如图 5-2 所示。

步骤 03 进入“录音”界面，按住红色的录音键不放，即可开始录制语音旁白，如图 5-3 所示。

步骤 04 录制完成后，松开录音键，即可自动生成录音轨道，如图 5-4 所示。

图 5-1 点击“关闭原声”按钮

图 5-2 点击“录音”按钮

图 5-3 开始录音

图 5-4 完成录音

TIPS 042 添加音频：海量音乐曲库随便选

在剪映 App 中，添加背景音乐的方法非常多。既可以添加曲库中的歌曲，也可以上传本地音频，同时还可以将文字转化为语音，以及提取其他视频中的音乐。

1. 添加抖音收藏背景音乐

下面介绍使用剪映 App 为短视频添加抖音收藏背景音乐的操作方法。

步骤 01 在剪映 App 中导入一个素材，❶点击“关闭原声”按钮；❷点击“添加音频”按钮，如图 5-5 所示。

步骤 02 进入“音频”编辑界面，点击“音乐”按钮，如图 5-6 所示。

步骤 03 进入“添加音乐”界面，❶切换至“抖音收藏”选项卡；❷在下方的列表框中选择相应的音频素材；❸点击“使用”按钮，如图 5-7 所示。

图 5-5　点击“添加音频”按钮

图 5-6　点击“音乐”按钮

步骤 04 执行操作后，即可添加相应的背景音乐，如图 5-8 所示。

图 5-7　选择收藏的音乐

图 5-8　添加背景音乐

扫码看教程(a)

2. 自动将文字转为语音

剪映 App 的“文本朗读”功能能够自动将短视频中的文字内容转化为语音，提升观众的观看体验。下面介绍将文字转化为语音的操作方法。

步骤 01 在剪映 App 中打开一个剪辑草稿，进入“文字”编辑界面，如图 5-9 所示。

步骤 02 ❶ 选择相应的字幕轨道；❷ 点击“文本朗读”按钮，如图 5-10 所示。

步骤 03 执行操作后，进入“音色选择”界面，选择合适的音色，点击按钮，弹出“音频下载中”提示框，开始自动识别并转化文字为语音，如图 5-11 所示。

步骤 04 稍等片刻，即可识别成功，此时字幕轨道的上方显示了一条蓝色的线条，表示自动添加了音频轨道，如图 5-12 所示。

图 5-9　进入文字编辑界面

图 5-10　点击“文本朗读”按钮

图 5-11　“音频下载中”提示框

图 5-12　显示蓝色线条

扫码看教程 (b)

3. 一键提取视频中的音乐

下面介绍使用剪映 App 一键提取视频中的背景音乐的操作方法。

步骤 01 在剪映 App 中导入素材，点击底部的“音频”按钮，如图 5-13 所示。

步骤 02 进入“音频”编辑界面，点击“提取音乐”按钮，如图 5-14 所示。

图 5-13　点击“音频”按钮

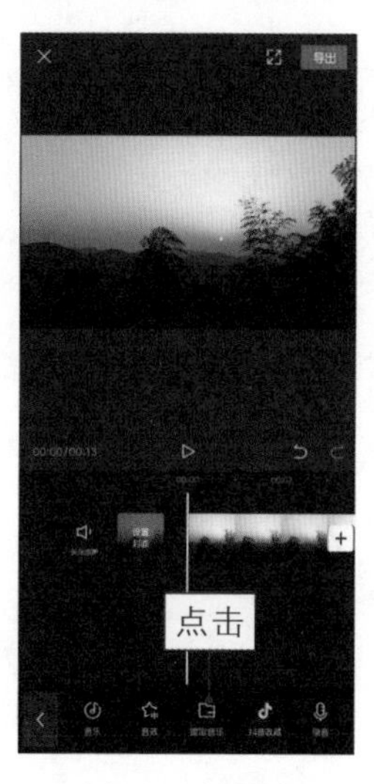

图 5-14　点击“提取音乐”按钮

步骤 03 进入“照片视频”界面，❶选择要提取背景音乐的视频；❷点击“仅导入视频的声音”按钮，如图 5-15 所示。

步骤 04 执行操作后，即可提取并导入视频中的背景音乐，如图 5-16 所示。

图 5-15　选择相应的视频

图 5-16　提取并导入背景音乐

扫码看教程 (c)

TIPS● 043

裁剪音频：让视频更加“声”动

添加了音频后，还需要对音频进行裁剪，选取其中最合适的部分。下面介绍使用剪映 App 裁剪与分割背景音乐素材的操作方法。

扫码看教程

步骤 01 在剪映 App 中打开一个剪辑草稿，向右拖曳音频轨道前的白色拉杆，即可裁剪音频，如图 5-17 所示。

步骤 02 按住音频轨道并向左拖曳至视频的起始位置处，完成音频的裁剪操作，如图 5-18 所示。

步骤 03 ❶ 拖曳时间轴，将其移至视频的结尾处；❷ 选择音频轨道；❸ 点击“分割”按钮；❹ 即可分割音频，如图 5-19 所示。

步骤 04 选择第 2 段音频，点击“删除”按钮，删除多余的音频，如图 5-20 所示。

图 5-17　裁剪音频素材

图 5-18　调整音频位置

图 5-19　分割音频

图 5-20　删除多余音频

TIPS● 044

降噪开关：消除嘈杂的环境噪音

在拍摄短视频时，如果录音环境比较嘈杂，用户可以在后期使用剪映 App 消除短视频中的噪音。

扫码看教程

步骤 01 在剪映 App 中导入一个素材，选中视频轨道，点击下方工具栏中的“降噪”按钮，如图 5-21 所示。

步骤 02 执行操作后，弹出“降噪”菜单，如图 5-22 所示。

步骤 03 ❶ 打开“降噪开关”；❷ 系统会自动进行降噪处理，并显示处理进度，如图 5-23 所示。

步骤 04 处理完成后，自动播放视频，点击✓按钮确认即可，如图 5-24 所示。

图 5-21　点击“降噪”按钮

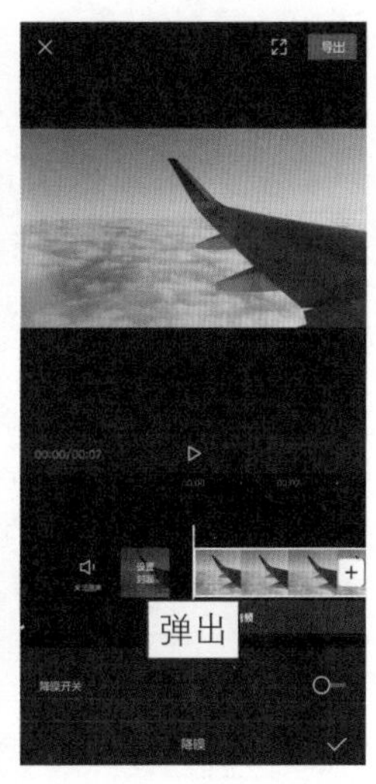

图 5-22　“降噪”菜单

图 5-23　进行降噪处理

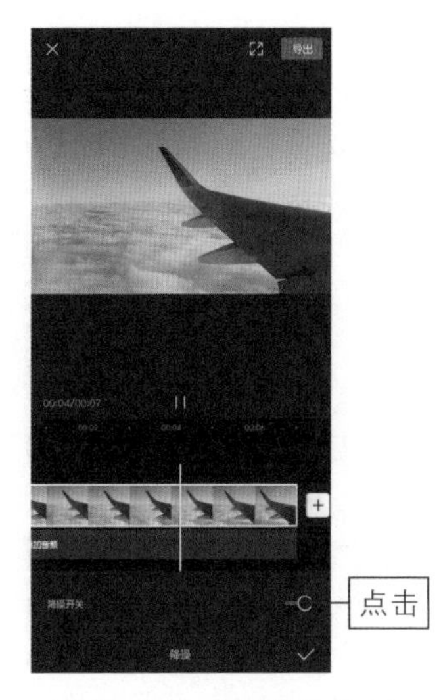

图 5-24　自动播放视频

TIPS● 045

淡化音频：给观众带来舒适听感

扫码看教程

设置音频淡入淡出效果后，可以让短视频的背景音乐显得不那么突兀，给观众带来更加舒适的视听感。下面介绍使用剪映 App 设置音频淡入淡出效果的操作方法。

步骤 01 在剪映 App 中导入一个素材，并添加合适的背景音乐，选择音频轨道，如图 5-25 所示。

步骤 02 进入“音频”编辑界面，点击底部的“淡化”按钮，如图 5-26 所示。

步骤 03 进入“淡化”界面，设置“淡入时长”和“淡出时长”参数，如图 5-27 所示。

步骤 04 点击✓按钮，即可为音频添加淡入淡出效果，如图 5-28 所示。

图 5-25 选择音频轨道

图 5-26 点击“淡化”按钮

图 5-27 设置淡化参数

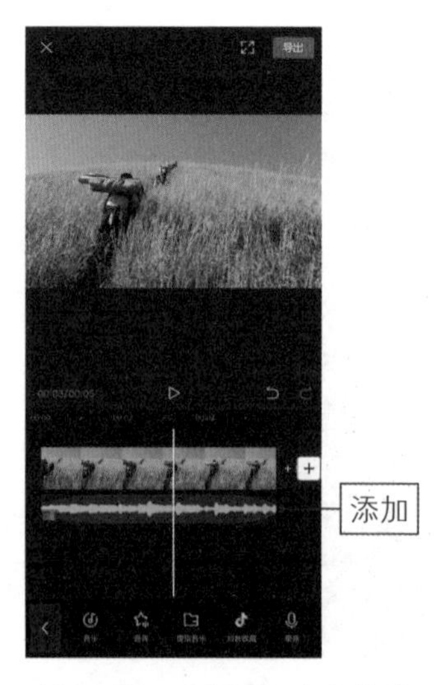

图 5-28 添加淡入淡出效果

TIPS 046

变声效果：大叔也能变成萝莉声

扫码看教程

在处理短视频的音频素材时，用户可以给其增加一些变速或者变声的特效，让声音效果变得更加有趣。

步骤 01 在剪映 App 中导入素材，并录制一段声音。选中录音轨道，点击底部的“变声”按钮，如图 5–29 所示。

步骤 02 弹出“变声”菜单后，用户可以在其中选择合适的变声效果，如大叔、萝莉、女生及男生等，并点击✓按钮确认即可，如图 5–30 所示。

步骤 03 选择录音轨道后，点击底部的“变速”按钮，弹出相应的菜单，拖曳红色圆环滑块即可调整声音的变速参数，如图 5–31 所示。

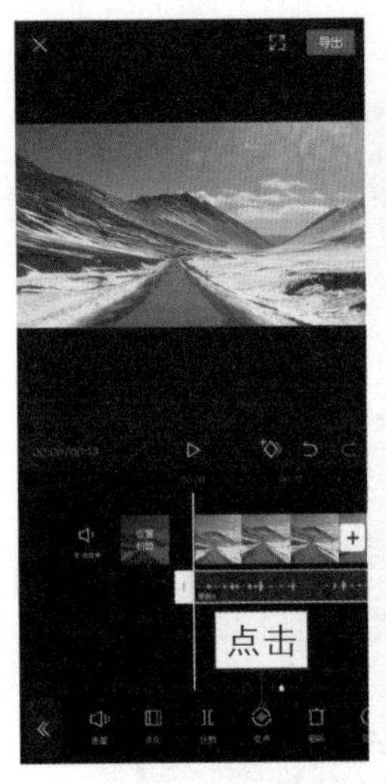

图 5–29　点击“变声”按钮

图 5–30　选择合适的变声效果

步骤 04 点击✓按钮，可以看到经过变速处理后，录音轨道的持续时间明显变短了，同时还会在录音轨道上显示变速倍速，如图 5–32 所示。

图 5–31　调整声音变速参数

图 5–32　显示变速倍速

添加音效：增添短视频的趣味性

剪映 App 中提供了很多有趣的音频特效，用户可以根据短视频的情境来添加音效，如综艺、笑声、机械、BGM（Background Music，背景音乐）、人声、转场、游戏、手机、美食、环境音、动物、交通及悬疑等，如图 5-33 所示。

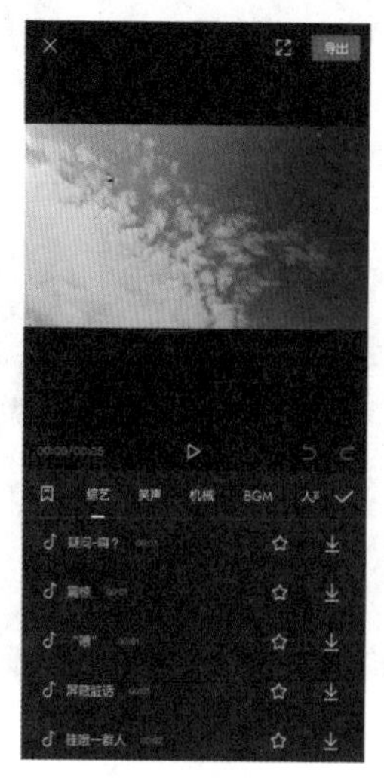
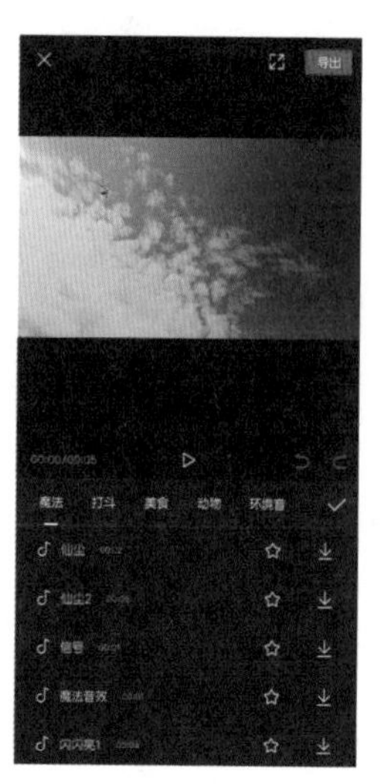

图 5-33　剪映 App 中的音效

例如，在展现流水场景的短视频中，可以选择“环境音”下面的“流水声”音效，❶点击“使用”按钮；❷即可添加相应的音效轨道，如图 5-34 所示。

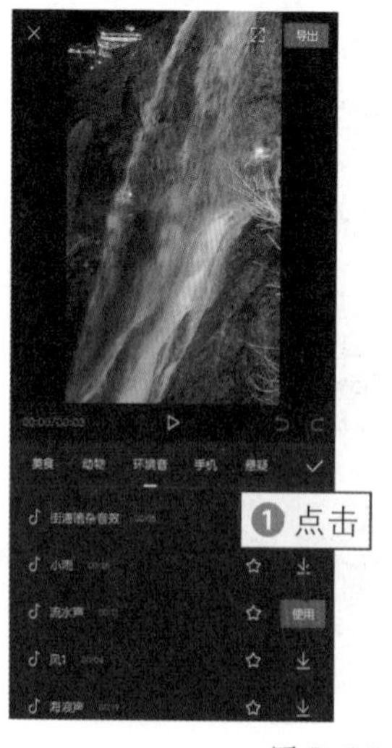

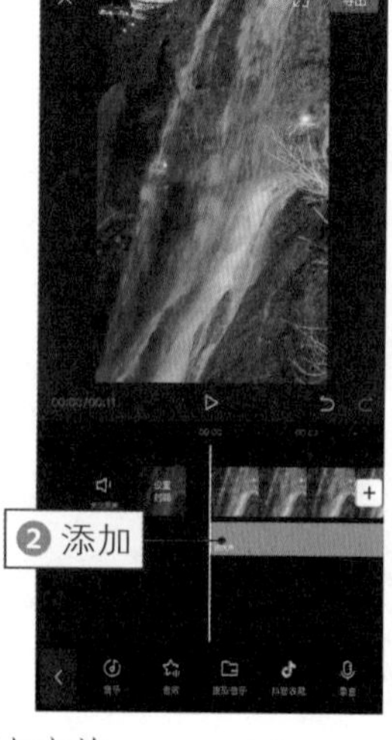

图 5-34　添加音效

扫码看教程

TIPS● 048

自动踩点：一键为你标出节拍点

自动踩点是剪映 App 中一个能帮助用户一键标出节拍点的功能，从而快速制作出卡点视频。下面介绍使用剪映 App 中的“自动踩点”功能制作卡点短视频的操作方法。

步骤 01 在剪映 App 中导入素材，并添加相应的卡点背景音乐，如图 5-35 所示。

步骤 02 选择音频轨道，进入“音频”编辑界面，点击底部的“踩点”按钮，如图 5-36 所示。

步骤 03 进入“踩点”界面，❶ 开启“自动踩点”功能；❷ 并选择“踩节拍Ⅰ”选项，如图 5-37 所示。

步骤 04 点击✓按钮，即可在音乐鼓点的位置添加对应的黄点，如图 5-38 所示。

图 5-35　添加卡点背景音乐

图 5-36　点击“踩点”按钮

图 5-37　选择“踩节拍Ⅰ”选项

图 5-38　添加对应的黄点

步骤 05 ❶ 调整视频的持续时长，将每段视频轨道的长度对准音频中的黄色小圆点；❷ 删除多余的音频轨道，如图 5-39 所示。

步骤 06 拖曳时间轴至第 2 个视频片段的起始位置，点击“特效”按钮，在“梦幻”选项卡中选择“浪漫氛围 II”特效，如图 5-40 所示。

图 5-39 删除多余的音频轨道

图 5-40 选择“浪漫氛围 II”特效

步骤 07 点击右上角的“导出”按钮，导出并预览视频，效果如图 5-41 所示。可以看到，视频片段随着音频的节拍点而切换。

图 5-41 导出并预览视频效果

扫码看教程

扫码看视频效果

第 6 章

文字编辑：11 个技巧留给观众深刻印象

很多短视频中都添加了字幕效果，有的用于歌词，有的用于语音解说，让观众在短短几秒内就能看懂更多视频内容，同时这些文字还有助于观众记住发布者想要表达的信息，吸引他们点赞和关注。本章将介绍添加文字、识别字幕及添加贴纸等 11 个添加字幕的技巧。

添加文字：帮你更好地展现短视频内容

剪映 App 除了能够自动识别和添加字幕，还可以为拍摄的短视频添加合适的文字内容。下面介绍具体的操作方法。

步骤 01 打开剪映 App，在主界面中点击“开始创作”按钮，如图 6–1 所示。

步骤 02 进入“照片视频”界面后，❶ 选择合适的视频素材；❷ 点击“添加”按钮，如图 6–2 所示。

步骤 03 执行操作后，即可导入该视频素材，依次点击“文字”按钮和“新建文本”按钮，如图 6–3 所示。

步骤 04 进入“文字”编辑界面，用户可以长按文本框，通过粘贴文字来快速输入，如图 6–4 所示。

图 6–1 点击“开始创作”按钮

图 6–2 点击“添加”按钮

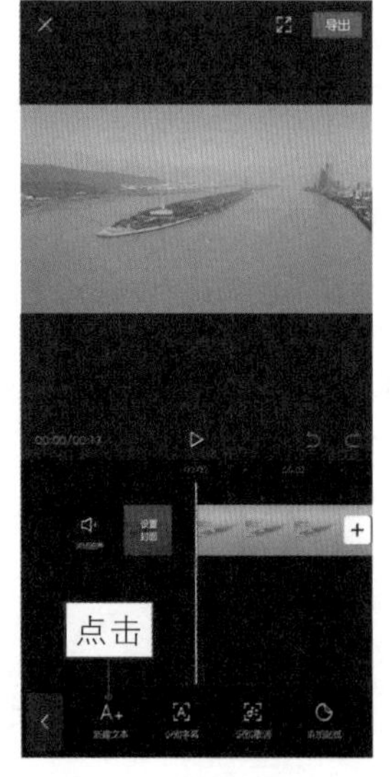

图 6–3 点击“新建文本”按钮

图 6–4 进入文字编辑界面

步骤 05 在文本框中输入符合短视频主题的文字内容，如图 6–5 所示。

步骤 06 点击✓按钮确认，即可添加文字。在预览区域按住文字素材并拖曳，即可调整文字的位置和大小，如图 6–6 所示。

图 6–5　输入文字

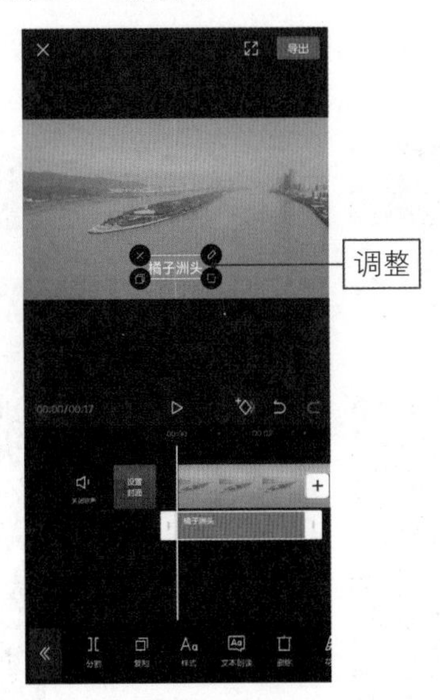

图 6–6　调整文字的位置和大小

扫码看教程

TIPS• 050 文字样式：多种多样的风格样式任你选

剪映 App 中提供了多种文字样式，用户可以根据自己的视频风格选择合适的文字样式。下面介绍具体的操作方法。

步骤 01 以上一例效果为例，拖曳字幕轨道右侧的白色拉杆，调整文字在画面中出现的时间和持续时长，如图 6–7 所示。

步骤 02 点击文本框右上角的✎按钮，进入“样式”界面，选择相应的字体样式，如选择“宋体”字体样式，如图 6–8 所示。

图 6–7　调整文字的持续时长

图 6–8　选择“宋体”字体样式

步骤 03 字体下方为描边样式，用户可以选择相应的样式模板快速应用描边效果，如图 6-9 所示。

步骤 04 同时，也可以选择底部的“描边”选项，切换至该选项卡，在其中可以设置描边的“颜色”和“粗细度”参数，如图 6-10 所示。

图 6-9 选择描边样式

图 6-10 设置描边效果

步骤 05 切换至“标签”选项卡，在其中可以设置标签“颜色”和“透明度”，添加标签效果，让文字更为明显，如图 6-11 所示。

步骤 06 切换至“阴影”选项卡，在其中可以设置文字阴影的“颜色”和“透明度”，添加阴影效果，让文字显得更为立体，如图 6-12 所示。

图 6-11 添加“标签”效果

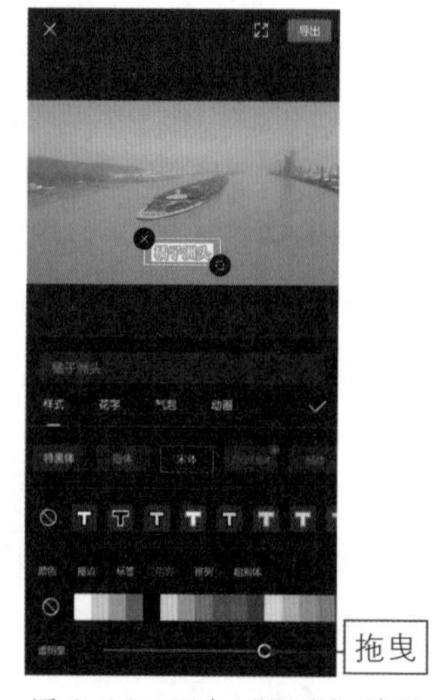

图 6-12 添加“阴影”效果

步骤 07 ❶ 切换至“排列”选项卡，用户可以在此选择左对齐、水平居中对齐、右对齐、垂直上对齐、垂直居中对齐和垂直下对齐等多种对齐方式，使文字的排列更加错落有致；❷ 拖曳下方的“字间距”滑块，可以调整文字间的距离，如图 6–13 所示。

步骤 08 点击右上角的“导出”按钮，导出视频后，即可预览文字效果，如图 6–14 所示。

图 6–13　调整字间距

图 6–14　导出并预览文字效果

扫码看教程

扫码看视频效果

TIPS 051 识别字幕：为视频添加字幕几秒钟搞定

剪映 App 中的识别字幕功能准确率非常高，能够帮助用户快速识别并添加与视频时间对应的字幕轨道，提高制作短视频的效率。下面介绍具体的操作方法。

步骤 01 在剪映 App 中打开一个素材，点击“文字”按钮，如图 6–15 所示。

步骤 02 进入“文字”编辑界面，点击“识别字幕”按钮，如图 6–16 所示。

步骤 03 执行操作后，弹出“自动识别字幕”对话框，点击“开始识别”按钮，如图 6–17 所示。如果视频中本身存在字幕，可以选中“同时清空已有字幕”单选按钮，快速清除原来的字幕。

步骤 04 执行操作后，软件开始自动识别视频中的语音内容，如图 6–18 所示。

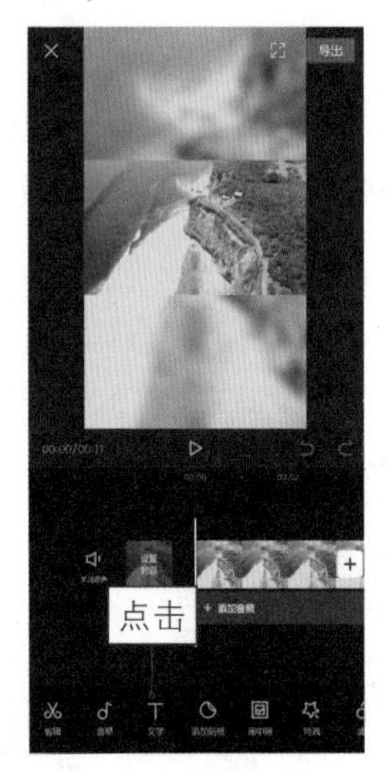

图 6-15　点击“文字”按钮

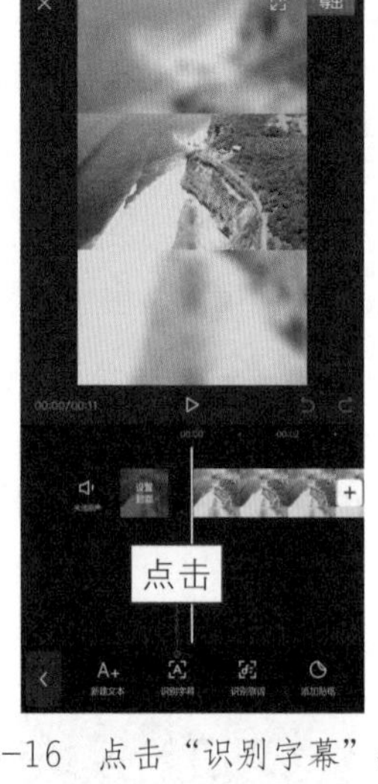

图 6-16　点击“识别字幕”按钮

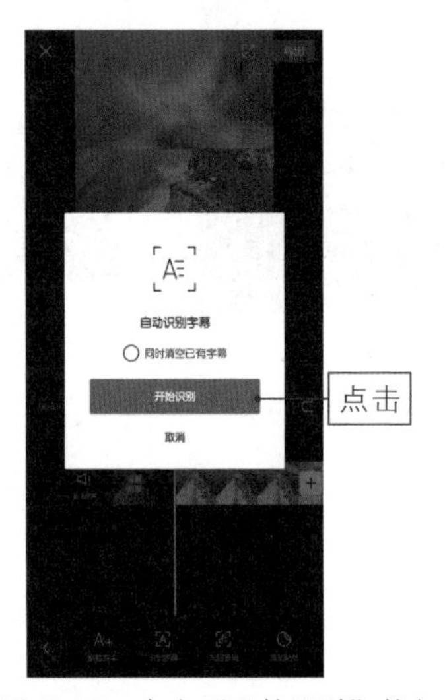

图 6-17　点击“开始识别”按钮

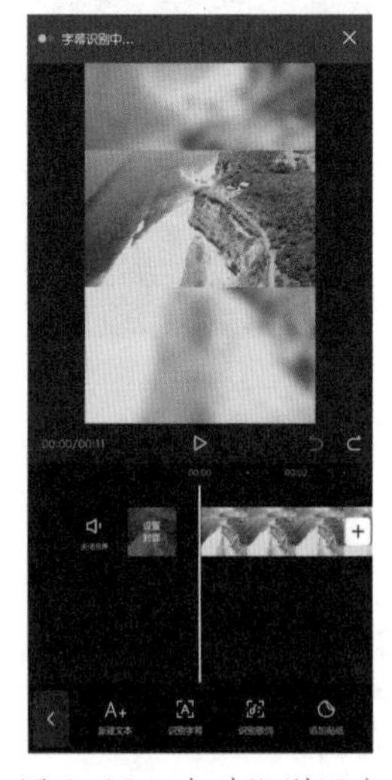

图 6-18　自动识别语音

步骤 05 稍等片刻后，即可完成字幕识别，并自动生成对应的字幕轨道，如图 6–19 所示。

步骤 06 拖曳时间轴，可以查看字幕效果，如图 6–20 所示。

步骤 07 在时间线区域选择相应的字幕轨道，并在预览区域适当调整文字的大小，如图 6–21 所示。

步骤 08 点击文本框右上角的按钮，进入“样式”界面，在其中可以设置字幕的字体样式、描边、阴影及对齐方式等，如图 6–22 所示。

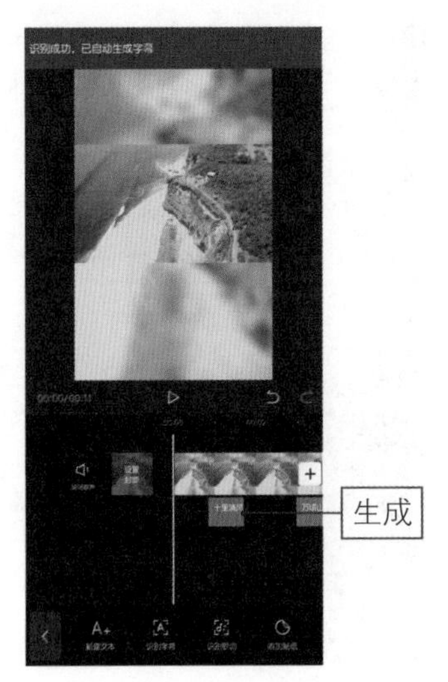

图 6-19　生成字幕轨道

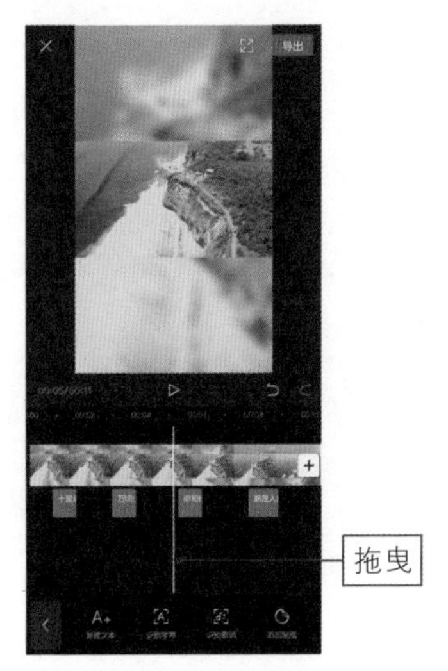

图 6-20　查看字幕效果

图 6-21　调整文字的大小

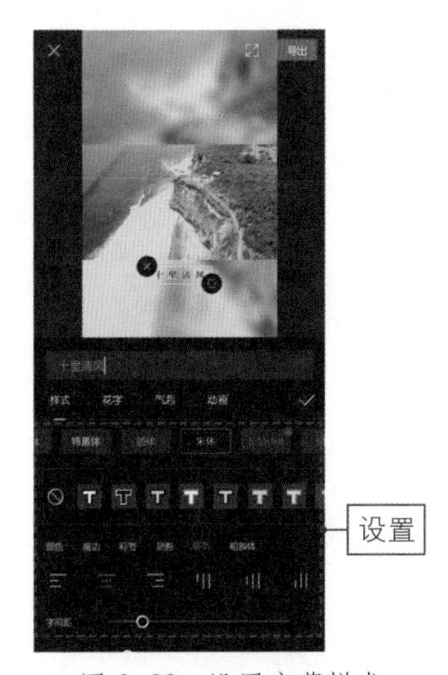

图 6-22　设置字幕样式

步骤 09 切换至“气泡”选项卡，选择一个气泡边框效果，如图 6–23 所示。

步骤 10 点击✓按钮，确认添加气泡边框效果，这样更加能够突出字幕内容，如图 6–24 所示。

步骤 11 点击“导出”按钮，导出并预览视频，效果如图 6–25 所示。

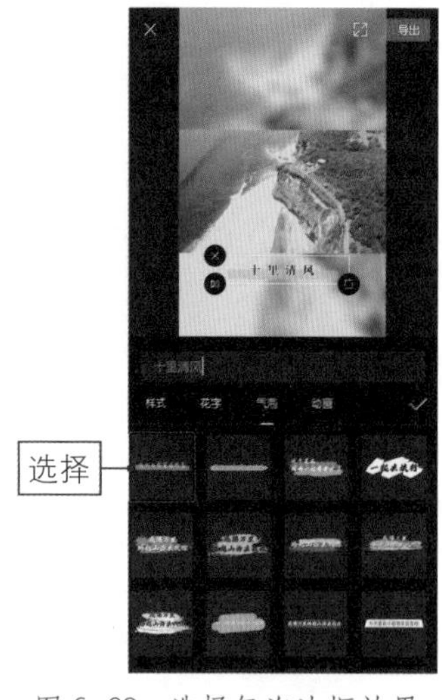

图 6-23 选择气泡边框效果

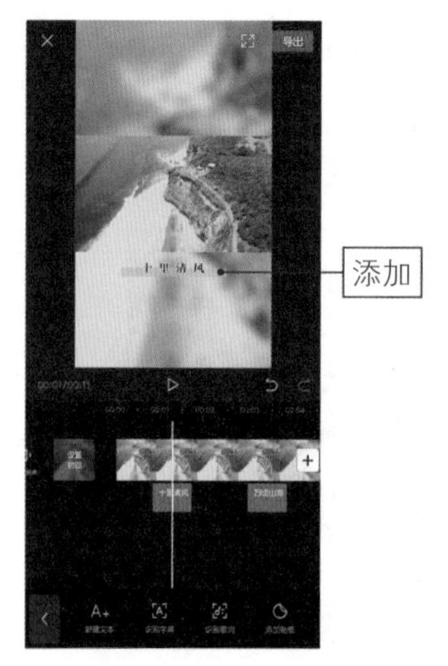

图 6-24 添加气泡边框效果

图 6-25 导出并预览视频效果

扫码看教程

扫码看视频效果

识别歌词：自动添加歌词字幕更加省力

除了识别短视频字幕，剪映 App 还能够自动识别短视频中的歌词内容，可以非常方便地为背景音乐添加动态歌词效果。下面介绍具体的操作方法。

步骤 01 在剪映 App 中导入一个素材，添加合适的背景音乐；点击“文字”按钮，如图 6–26 所示。

步骤 02 进入“文字”编辑界面后，点击“识别歌词”按钮，如图 6–27 所示。

步骤 03 执行操作后，弹出“识别歌词”对话框，点击“开始识别”按钮，如图 6–28 所示。

步骤 04 执行操作后，软件开始自动识别视频背景音乐中的歌词内容，如图 6–29 所示。

图 6–26　点击“文字”按钮

图 6–27　点击“识别歌词”按钮

图 6–28　点击“开始识别”按钮

图 6–29　开始识别歌词

☆专家提醒☆

如果视频中本身存在歌词，可以选中“同时清空已有歌词”单选按钮，快速清除原来的歌词内容。

步骤 05 稍等片刻，即可完成歌词识别，并自动生成歌词轨道，如图 6–30 所示。

步骤 06 拖曳时间轴，可以查看歌词效果，选中相应歌词，点击“样式”按钮，如图 6–31 所示。

图 6-30 生成歌词轨道

图 6-31 点击“样式”按钮

步骤 07 切换至“动画”选项卡，为歌词选择一个“卡拉 OK”的入场动画效果，如图 6-32 所示。

步骤 08 采用同样的操作方法，为其他歌词添加动画效果，如图 6-33 所示。

图 6-32 选择“卡拉 OK”动画效果

图 6-33 为其他歌词添加动画效果

步骤 09 点击“导出”按钮，导出并预览视频，效果如图 6-34 所示。

扫码看教程

图 6-34　导出并预览视频效果

扫码看视频效果

TIPS 053 添加花字：一分钟搞定有趣好玩的花字

用户在为短视频添加标题时，可以使用剪映 App 中的“花字”功能来制作。下面介绍具体的操作方法。

步骤 01 在剪映 App 中导入一个视频素材，点击左下角的“文字”按钮，如图 6-35 所示。

步骤 02 进入“文字”编辑界面，点击“新建文本”按钮，在文本框中输入符合短视频主题的文字内容，如图 6-36 所示。

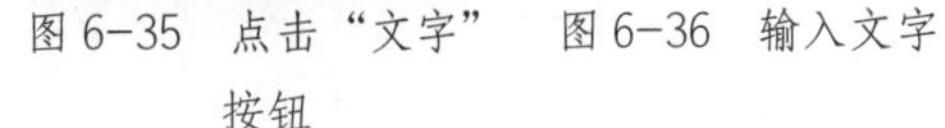

图 6-35　点击“文字”按钮

图 6-36　输入文字

步骤 03 在预览区域中按住文字素材并拖曳，调整文字的位置，并设置相应的字体和对齐方式，如图 6-37 所示。

步骤 04 切换至“花字”选项卡，在其中选择一个合适的“花字”样式，如图 6-38 所示。

图 6-37　设置字体和对齐方式

图 6-38　选择“花字”样式

步骤 05 适当调整文字的大小，点击右下角的✓按钮确认，即可添加“花字”文本。点击“导出”按钮，导出并预览视频，效果如图 6-39 所示。

图 6-39　导出并预览视频效果

扫码看教程

扫码看视频效果

TIPS• 054 文字气泡：制作新颖有创意的文字效果

剪映 App 中提供了丰富的气泡文字模板，能够帮助用户快速制作出精美的短视频文字效果。下面介绍具体的操作方法。

步骤 01 在剪映 App 中打开一个剪辑草稿，进入“文字”编辑界面，❶ 选择字幕轨道；❷ 点击“样式”按钮，如图 6–40 所示。

步骤 02 切换至“气泡”选项卡，选择相应的气泡文字模板，即可在预览窗口中应用相应的气泡文字，效果如图 6–41 所示。

步骤 03 可以在其中多尝试一些模板，从而找到最为合适的气泡文字模板效果，如图 6–42 所示。

步骤 04 点击✓按钮确认，添加气泡文字，点击“导出”按钮，导出并预览视频，效果如图 6–43 所示。

图 6–40　点击“样式”按钮

图 6–41　选择气泡文字模板

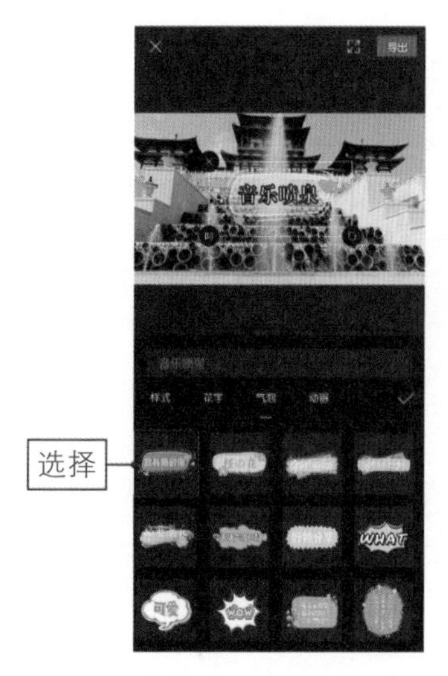

图 6–42　更换气泡文字模板效果

图 6-43 导出并预览视频效果

扫码看教程

扫码看视频效果

TIPS 055 添加贴纸：手绘贴纸让短视频更加精彩

剪映 App 能够直接为短视频添加文字贴纸效果，让短视频画面更加精彩、有趣，更能吸引观众的目光。下面介绍具体的操作方法。

步骤 01 在剪映 App 中导入一个素材，点击“文字”按钮，如图 6-44 所示。

步骤 02 进入“文字”编辑界面，点击“添加贴纸”按钮，如图 6-45 所示。

步骤 03 执行操作后，进入添加贴纸界面，下方窗口中显示了剪映 App 中提供的所有贴纸模板，如图 6-46 所示。

步骤 04 选择并点击合适的贴纸，即可自动添加到视频画面中，如图 6-47 所示。

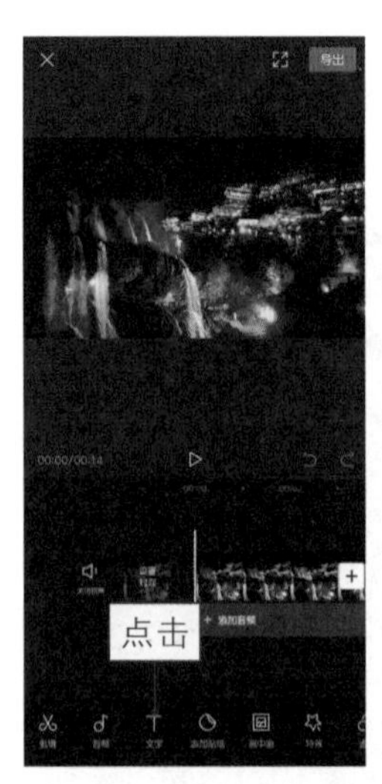

图 6-44 点击“文字”按钮

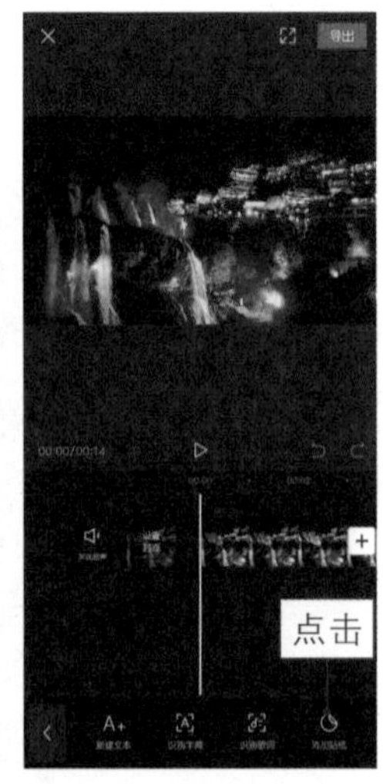

图 6-45 点击“添加贴纸”按钮

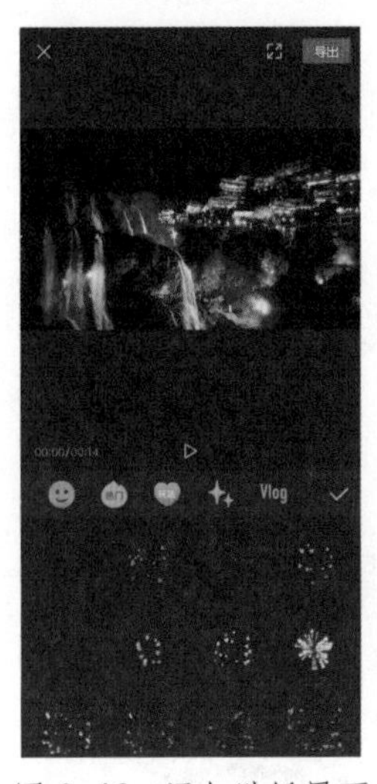

图 6-46　添加贴纸界面

图 6-47　添加贴纸

扫码看教程

扫码看视频效果

步骤 05 在预览区域调整贴纸的大小和位置，还可以添加多个贴纸，并在时间线区域调整贴纸的持续时长。点击“导出”按钮，导出并预览视频，效果如图 6–48 所示。

图 6-48　导出并预览视频效果

TIPS• 056 文字动画：教你制作百万点赞量短视频

文字动画是一种非常新颖、火爆的短视频形式，下面介绍使用剪映 App 制作文字动画效果的操作方法。

步骤 01 在剪映 App 中导入一个素材，添加并设置相应的文字样式效果，如图 6–49 所示。

步骤 02 切换至“气泡”选项卡，❶ 选择一个合适的气泡样式模板；❷ 在预览区域调整模板的位置和大小，让短视频的文字主题更加突出，效果如图 6-50 所示。

图 6-49　添加并设置文字样式效果

图 6-50　选择气泡样式模板

步骤 03 切换至“动画”选项卡，在“入场动画”选项卡中选择“爱心弹跳”动画效果，如图 6-51 所示。

步骤 04 拖曳蓝色的右箭头滑块，适当调整入场动画的持续时间，如图 6-52 所示。

图 6-51　选择入场动画

图 6-52　调整入场动画持续时间

步骤 05 在“出场动画”选项卡中选择“向右擦除”动画效果，如图 6–53 所示。

步骤 06 拖曳红色的左箭头滑块，适当调整出场动画的持续时间，如图 6–54 所示。

图 6–53　选择出场动画

图 6–54　调整出场动画持续时间

步骤 07 点击按钮，确认添加文字动画。用同样的操作方法，可以为其他位置的字幕添加文字动画效果。点击“导出”按钮，导出并预览视频，效果如图 6–55 所示。可以看到，爱心在文字上跳动之后消失，文字向右边慢慢擦除的画面效果。

图 6–55　导出并预览视频效果

扫码看教程

扫码看视频效果

TIPS 057 文字消散：让你的字幕拥有浪漫朦胧感

文字消散是非常浪漫唯美的一种字幕效果，可以使短视频更具朦胧感。下面介绍使用剪映 App 制作短视频文字消散效果的操作方法。

步骤 01 在剪映 App 中导入一个素材，❶ 拖曳时间轴至合适位置；❷ 点击“文字”按钮，如图 6-56 所示。

步骤 02 进入“文字”编辑界面，点击“新建文本”按钮，如图 6-57 所示。

步骤 03 在文本框中输入相应的文字内容，如图 6-58 所示。

步骤 04 点击✓按钮添加文字内容，点击“样式”按钮，如图 6-59 所示。

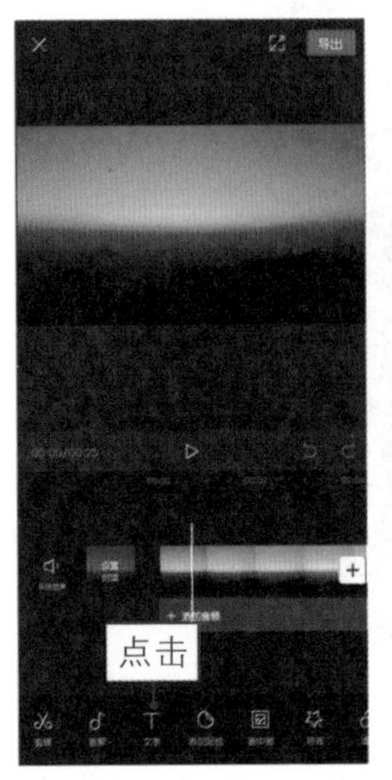

图 6-56　点击“文字”按钮

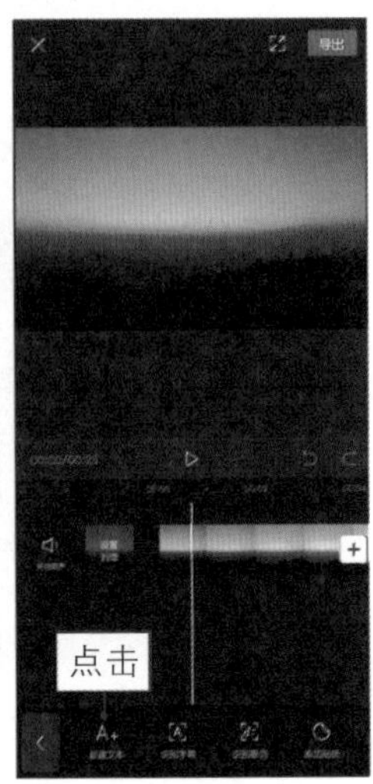

图 6-57　点击“新建文本”按钮

图 6-58　输入文字内容

图 6-59　点击“样式”按钮

步骤 05 执行操作后，进入“样式”编辑界面，选择一个合适的字体样式，如图 6-60 所示。

步骤 06 ❶ 切换至“阴影”选项卡；❷ 选择一个合适的阴影颜色；❸ 拖曳“透明度”选项的白色圆环滑块，调整阴影的应用程度，如图 6-61 所示。

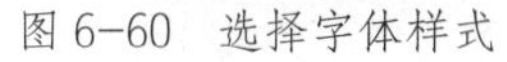
图 6-60　选择字体样式

图 6-61　调整阴影的应用程度

步骤 07 切换至“动画”选项卡，在“入场动画”选项中找到并选择“向下滑动”动画效果，如图 6-62 所示。

步骤 08 拖曳底部的图标，将入场动画的持续时长设置为 0.8 秒，如图 6-63 所示。

图 6-62　选择“向下滑动”动画效果

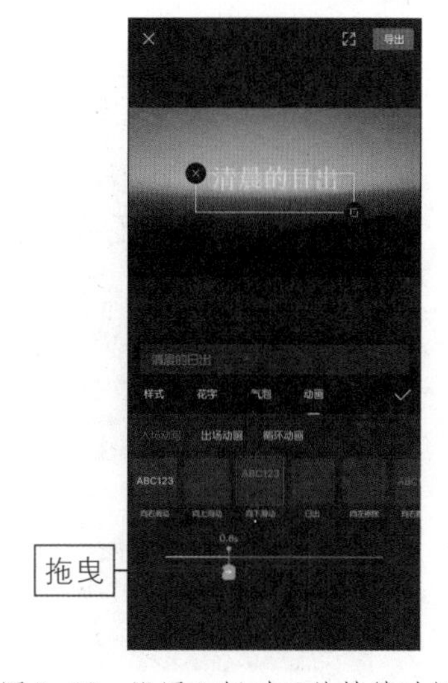

图 6-63　设置入场动画的持续时长

步骤 09 切换至“出场动画”选项，找到并选择“打字机 II”动画效果，如图 6-64 所示。

步骤 10 拖曳底部的图标，将出场动画的持续时长设置为 2.0 秒，如图 6-65 所示。

图 6-64　选择“打字机 II”动画效果

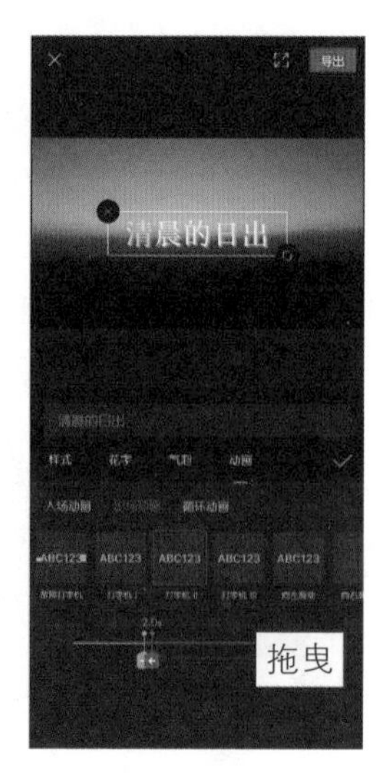

图 6-65　设置出场动画的持续时长

步骤 11 点击按钮返回，点击一级工具栏中的“画中画”按钮，再点击“新增画中画”按钮,添加一个粒子素材。点击下方工具栏中的“混合模式”按钮，如图 6-66 所示。

步骤 12 执行操作后，选择“滤色”选项，如图 6-67 所示。

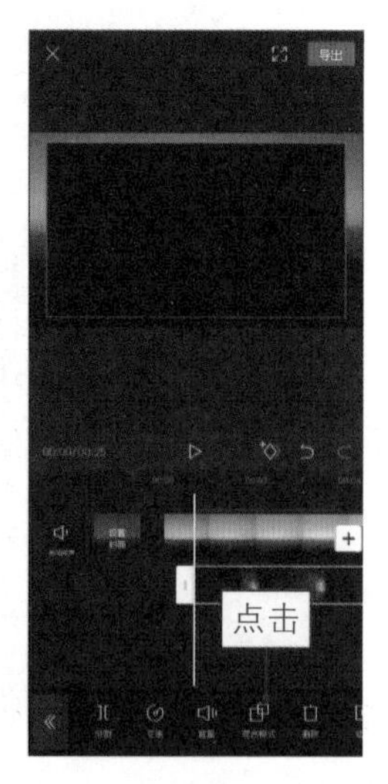

图 6-66　点击“混合模式”按钮

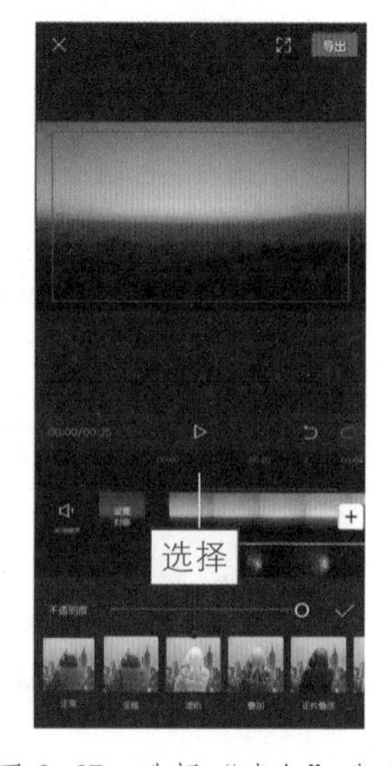

图 6-67　选择“滤色”选项

步骤 13 点击按钮返回，拖曳粒子素材的视频轨道至文字下滑后停住的位置，如图 6-68 所示。

步骤 14 选中粒子素材的视频轨道，调整视频画面的大小，使其铺满整个画面，如图 6-69 所示。

图 6-68　拖曳粒子素材至合适位置

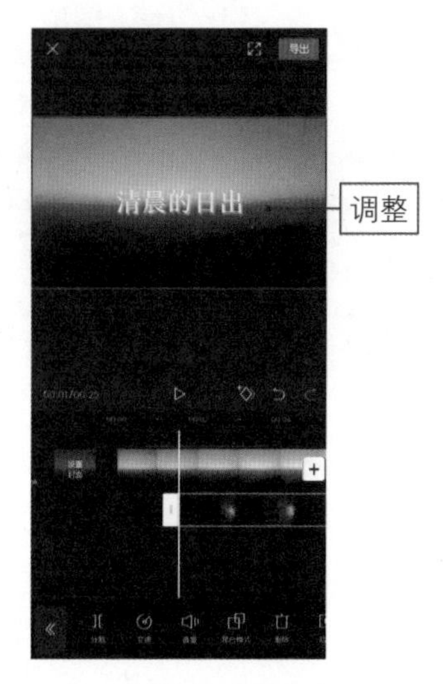

图 6-69　调整粒子素材的画面大小

步骤 15 点击“导出”按钮，导出并预览视频，效果如图 6-70 所示。可以看到文字缓缓从上面落下来，然后从左边一个字一个字地变成白色粒子飞散出去的画面效果。

图 6-70　导出并预览视频效果

扫码看教程

扫码看视频效果

镂空文字：教你快速制作唯美视频字幕

镂空文字可以用来制作炫酷的开头字幕，提高短视频的档次。下面介绍使用剪映 App 制作短视频片头镂空文字效果的操作方法。

步骤 01 在剪映 App 的“素材库”中导入一个纯黑色的视频素材，点击“文字”按钮，如图 6–71 所示。

步骤 02 进入“文字”编辑界面，点击“文字”二级工具栏中的“新建文本”按钮，如图 6–72 所示。

步骤 03 在文本框中输入相应的文字内容，如图 6–73 所示。

步骤 04 ❶ 选择“特黑体”字体样式，❷ 调整描边颜色和参数，如图 6–74 所示。

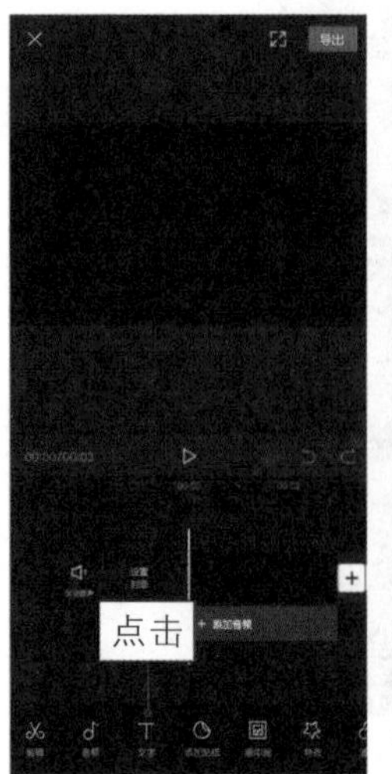

图 6–71　点击“文字”按钮

点击

图 6–72　点击“新建文本”按钮

图 6–73　输入文字内容

图 6–74　选择“特黑体”字体样式并调整参数

步骤 05 将文字视频导出，并导入一个背景视频素材，点击“画中画”按钮，如图 6–75 所示。

步骤 06 进入“画中画”编辑界面，点击“新增画中画”按钮，如图 6–76 所示。

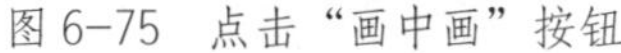
图 6–75　点击“画中画”按钮

图 6–76　点击“新增画中画”按钮

步骤 07 ❶ 在“照片视频”界面中选择刚刚制作好的文字视频；❷ 点击“添加”按钮，如图 6–77 所示。

步骤 08 执行操作后，导入文字视频素材，如图 6–78 所示。

图 6–77　点击“添加”按钮

图 6–78　导入文字视频素材

步骤 09 在视频预览区域中调整文字视频画面的大小，使其铺满整个画面，如图 6–79 所示。

步骤 10 在时间线区域中调整画中画轨道的长度，如图 6–80 所示。

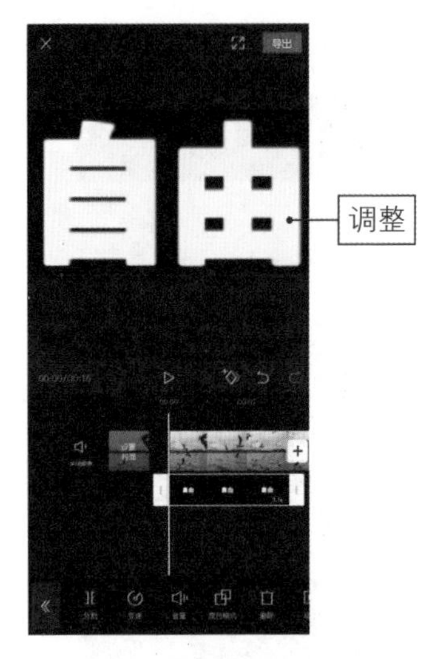

图 6-79　调整文字画面大小

图 6-80　调整文字视频轨道的长度

步骤 11　点击“混合模式”按钮，进入其编辑界面，选择“正片叠底”选项，如图 6-81 所示。

步骤 12　点击✓按钮，添加“正片叠底”混合模式效果，如图 6-82 所示。

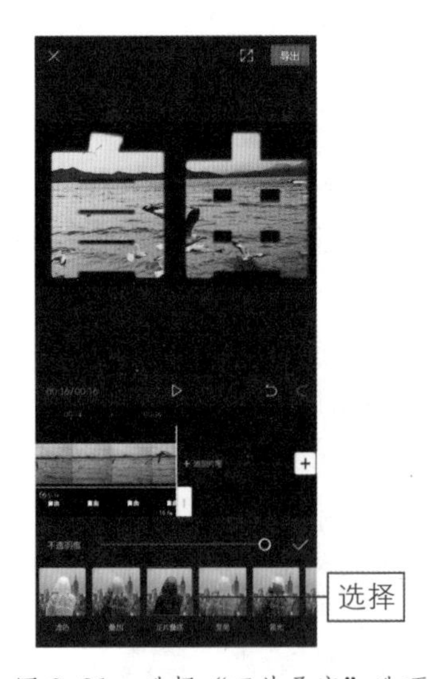

图 6-81　选择“正片叠底”选项

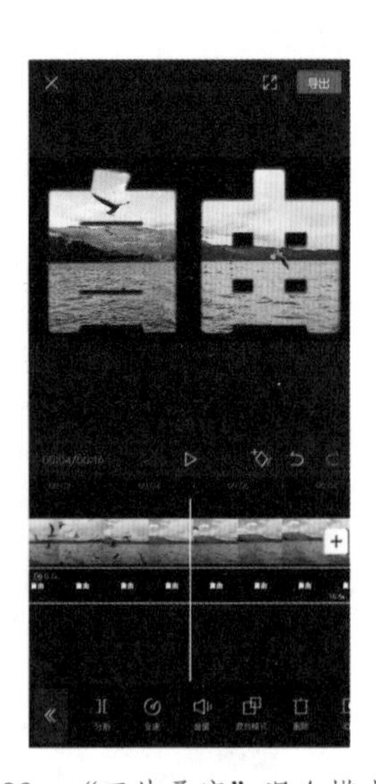

图 6-82　“正片叠底”混合模式效果

步骤 13　点击“导出”按钮，导出并预览视频，效果如图 6-83 所示。可以通过镂空的文字看到视频画面的变化。

图 6-83　导出并预览视频效果

扫码看教程

扫码看视频效果

TIPS 059 文字遮挡：制作 3D 立体感的动画效果

文字遮挡动画给人一种 3D 立体感的效果。下面介绍使用剪映 App 制作短视频中文字遮挡动画效果的操作方法。

步骤 01 在剪映 App 的"素材库"中导入一个纯黑色的视频素材，点击"文字"按钮，如图 6-84 所示。

步骤 02 进入"文字"编辑界面，点击"文字"二级工具栏中的"新建文本"按钮，如图 6-85 所示。

步骤 03 在文本框中输入相应的文字内容，如图 6-86 所示。

步骤 04 执行操作后，在"花字"选项卡中选择一个花字样式，如图 6-87 所示。

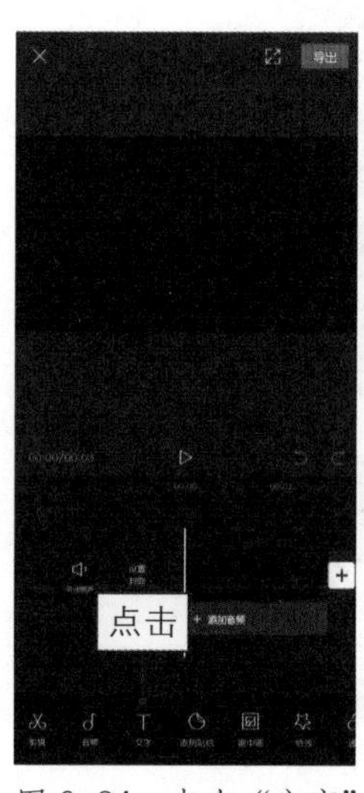

图 6-84　点击"文字"按钮

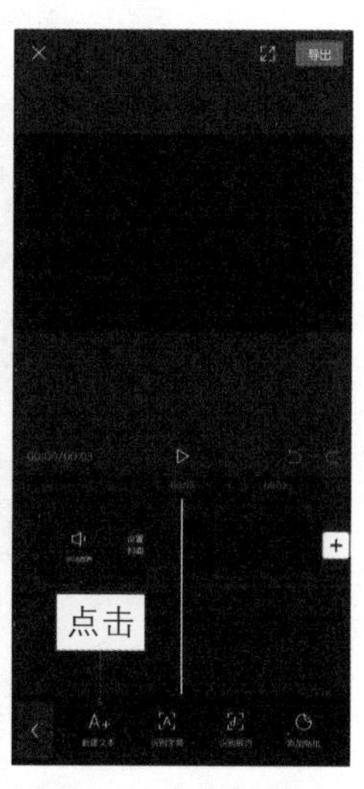

图 6-85　点击"新建文本"按钮

图 6-86　输入文字内容

图 6-87　选择花字样式

步骤 05 将文字视频导出，并导入一个背景视频素材，依次点击“画中画”按钮和“新增画中画”按钮，如图 6-88 所示。

步骤 06 导入刚刚制作好的文字视频，依次点击“编辑”按钮和“裁剪”按钮，将文字视频画面裁剪到合适大小，如图 6-89 所示。

图 6-88　点击“新增画中画”按钮

图 6-89　裁剪文字视频画面

步骤 07 点击✓按钮返回，点击下方工具栏中的“混合模式”按钮，在混合模式菜单中选择“变亮”选项，如图 6-90 所示。

步骤 08 点击✓按钮返回，点击下方工具栏中的“蒙版”按钮，进入“蒙版”

编辑界面，❶ 选择“线性”蒙版；❷ 在预览区域调整蒙版的位置，使其只露出一点文字的边，如图 6–91 所示。

图 6–90　选择“变亮”选项

图 6–91　调整蒙版位置

步骤 09 点击✓按钮返回，在预览区域适当调整文字视频画面的大小和位置，使其紧靠视频中建筑物的垂直线，如图 6–92 所示。

步骤 10 点击下方工具栏中的“变速”按钮，调整画中画轨道的时长，使其与视频轨道的时长保持一致，如图 6–93 所示。

图 6–92　调整文字画面的大小和位置

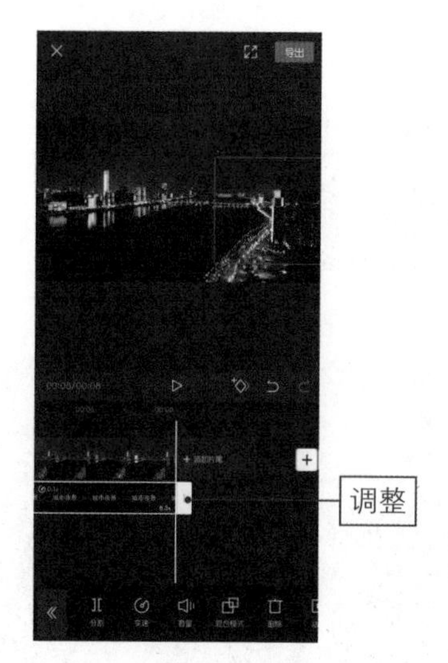

图 6–93　调整画中画轨道的时长

步骤 11 将时间轴拖曳至画中画轨道的起始位置，点击◇按钮，添加一个关键帧，如图 6–94 所示。

步骤 12 将时间轴拖曳至画中画轨道的第 4 秒位置，再次点击◇按钮，添加一个关键帧，如图 6–95 所示。

步骤 13 点击下方工具栏中的“蒙版”按钮，在预览区域调整蒙版的位置，使文字显现出来，如图 6–96 所示。

步骤 14 如果文字依然无法完全显现出来，点击✓按钮返回，在预览区域向左调整文字视频的位置，再用上一步的操作方法调整蒙版的位置，直至文字完全显示出来。注意，蒙版要放置在建筑物的垂直线上，如图 6–97 所示。

步骤 15 点击“导出”按钮，导出并预览视频，效果如图 6–98 所示。可以看到文字从建筑物后面缓缓出现，待文字完全显示后定格在画面中。

扫码看教程

扫码看视频效果

图 6–94 添加关键帧

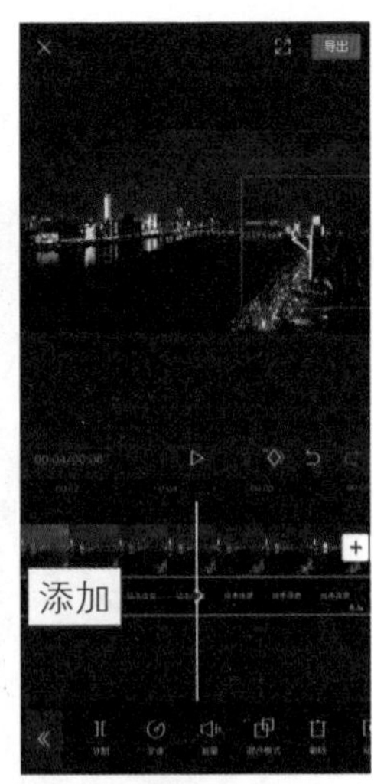

图 6–95 再次添加关键帧

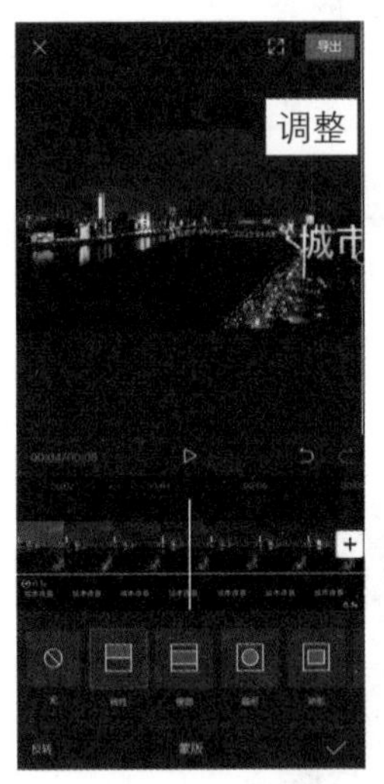

图 6–96 调整蒙版位置

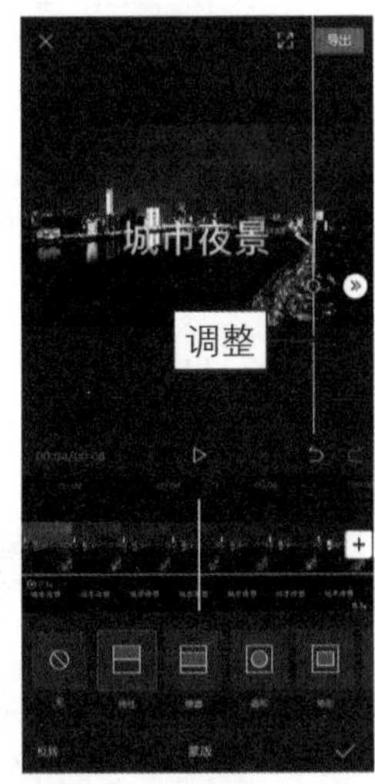

图 6–97 继续调整蒙版位置

图 6–98 导出并预览视频效果

第 7 章

卡点案例：5 个卡点效果制作动感视频

卡点视频是短视频中非常火爆的一种类型，其制作方法相比其他视频要容易一些，但效果却非常好。制作卡点视频的关键是对音乐的把控。本章将介绍荧光线描卡点、万有引力卡点、旋转立方体卡点、定格画面卡点及风格反差卡点 5 个热门卡点案例的制作方法，帮助读者快速制作出拥有百万点赞量的短视频。

TIPS 060

荧光线描卡点：荧光线与动漫相撞

火遍全网的荧光线描卡点短视频看似很难制作，其实非常简单。下面介绍使用剪映 App 制作荧光线描卡点短视频的操作方法。

步骤 01 在剪映 App 中导入 4 段素材，并添加合适的卡点音乐，❶ 选择音频轨道；❷ 点击下方工具栏中的“踩点”按钮，如图 7–1 所示。

步骤 02 进入“踩点”界面后，❶ 点击“自动踩点”按钮；❷ 选择“踩节拍 I”选项，如图 7–2 所示。

步骤 03 点击✓按钮返回，❶ 拖曳第 1 段视频轨道右侧的白色拉杆，将其长度对准音频轨道中的第 1 个黄色小圆点；❷ 点击工具栏中的“复制”按钮，如图 7–3 所示。

图 7–1 点击“踩点”按钮

图 7–2 选择“踩节拍 I”选项

步骤 04 点击«按钮返回，❶ 拖曳时间轴至第 1 段视频的起始位置；❷ 点击“特效”按钮，如图 7–4 所示。

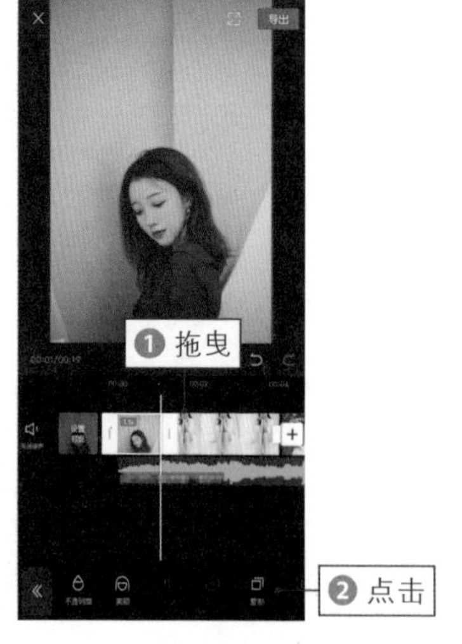

图 7–3 点击“复制”按钮

图 7–4 点击“特效”按钮

步骤 05 切换至“漫画”选项卡，选择“荧光线描”特效，如图 7–5 所示。

步骤 06 点击✓按钮添加特效，拖曳特效轨道右侧的白色拉杆，调整特效的持续时长，使其与第 1 段视频素材的时长保持一致，如图 7–6 所示。

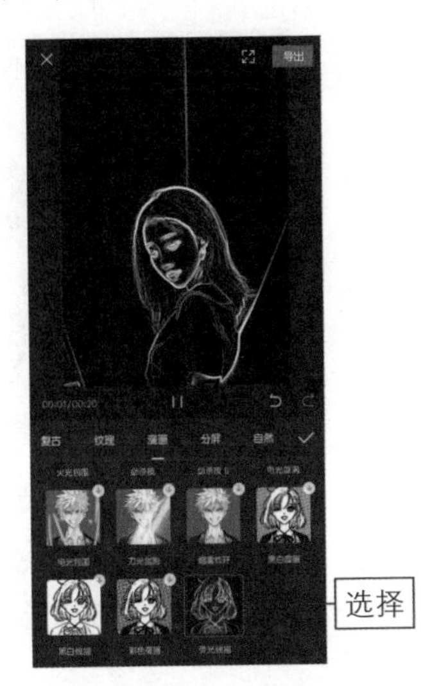

图 7–5　选择“荧光线描”特效

图 7–6　调整特效的持续时长

步骤 07 点击《按钮返回，点击“新增特效”按钮，如图 7–7 所示。

步骤 08 切换至“梦幻”选项卡，选择“星火炸开”特效，如图 7–8 所示。

图 7–7　点击“新增特效”按钮

图 7–8　选择“星火炸开”特效

步骤 09 点击✓按钮返回，拖曳第 2 个特效轨道右侧的白色拉杆，使其长度对准音频轨道中的第 2 个黄色小圆点，❶ 选择第 2 个视频轨道；❷ 拖曳其右侧的白色拉杆，使其长度也对准音频轨道中的第 2 个黄色小圆点，如图 7-9 所示。

步骤 10 点击《按钮返回主界面，❶ 拖曳时间轴至最左侧；❷ 依次点击“画中画”按钮和“新增画中画”按钮，如图 7-10 所示。

图 7-9　调整视频时长

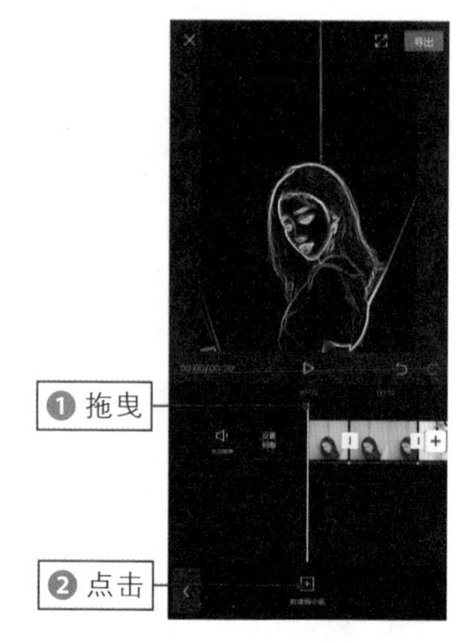

图 7-10　点击“新增画中画”按钮

步骤 11 再次导入第 1 段视频素材，❶ 拖曳其右侧的白色拉杆，使其与第 1 段视频轨道对齐；❷ 在预览区域调整画中画视频的画面大小，使其铺满屏幕；❸ 点击下方工具栏中的“漫画”按钮，如图 7-11 所示。

步骤 12 生成漫画效果后，点击“混合模式”按钮，在混合模式菜单中选择“滤色”选项，如图 7-12 所示。

图 7-11　点击“漫画”按钮

图 7-12　选择“滤色”选项

步骤 13 点击✓按钮返回，❶ 选择第 1 段视频素材；❷ 依次点击“动画”按钮和“入场动画”按钮，如图 7-13 所示。

步骤 14 ❶ 在入场动画选项卡中选择“向右滑动”动画效果；❷ 拖曳白色圆环滑块，调整动画时长，使其与第 1 段视频时长保持一致，如图 7-14 所示。

图 7-13　点击“入场动画”按钮

图 7-14　调整动画时长

步骤 15 ❶ 选择第 1 段画中画视频素材；❷ 依次点击“动画”按钮和“入场动画”按钮，如图 7-15 所示。

步骤 16 ❶ 在入场动画选项卡中选择“向左滑动”动画效果；❷ 拖曳白色圆环滑块，调整动画时长，使其与第 1 段画中画视频时长保持一致，如图 7-16 所示。

图 7-15　点击“入场动画”按钮

图 7-16　调整动画时长

步骤 17 采用同样的操作方法，分别为后面的视频素材添加特效和动画效果。点击“导出”按钮，导出并预览视频，效果如图 7-17 所示。可以看到荧光线人物和漫画人物伴随着卡点音乐，分别从左右两边滑出，在第一个节拍点时，两个画面相撞后星火炸开，真实人物出现在画面中。

图 7-17 导出并预览视频效果

万有引力卡点：制作爆款甜蜜视频

万有引力卡点短视频非常火爆，制作起来非常简单，即使是新手也能快速学会。下面介绍使用剪映 App 制作万有引力卡点短视频的操作方法。

步骤 01 在剪映 App 中导入 5 段素材，并添加相应的背景音乐，如图 7–18 所示。

步骤 02 ❶ 选择音频轨道；❷ 点击“踩点”按钮，如图 7–19 所示。

图 7–18　导入素材添加背景音乐

图 7–19　点击“踩点”按钮

步骤 03 进入“踩点”编辑界面，拖曳时间轴至音乐鼓点的位置，点击 [+添加点] 按钮，添加节拍点，如图 7–20 所示。

步骤 04 ❶ 为音频添加所有的节拍点；❷ 点击 ✓ 按钮，如图 7–21 所示。

图 7–20　添加节拍点

图 7–21　点击相应按钮

步骤 05 返回主界面后，❶ 选择第 1 个视频轨道；❷ 拖曳其右侧的白色拉杆，使其长度对准音频轨道中的第 1 个黄色小圆点，如图 7–22 所示。

步骤 06 采用同样的操作方法，将后面的视频片段对齐相应的黄色小圆点，调整每个视频片段的时长，如图 7–23 所示。

步骤 07 ❶ 选择第 2 段视频素材；❷ 依次点击“动画”按钮和“入场动画”按钮，如图 7–24 所示。

图 7–22 调整视频时长

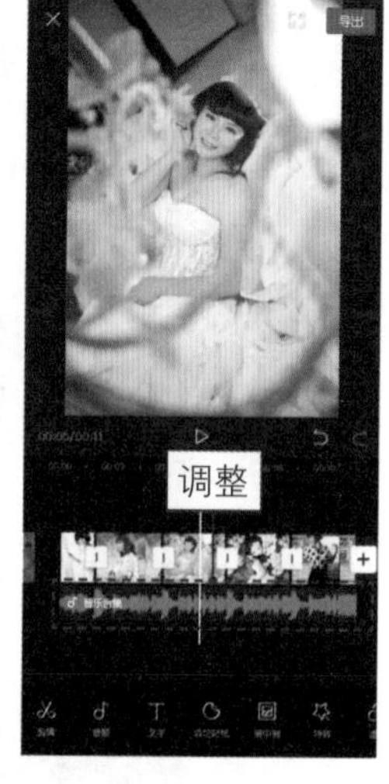

图 7–23 调整视频片段的时长

步骤 08 ❶ 在“入场动画”选项卡中选择“雨刷”动画效果；❷ 拖曳白色圆环滑块，适当调整动画时长，如图 7–25 所示。

图 7–24 点击“入场动画”按钮

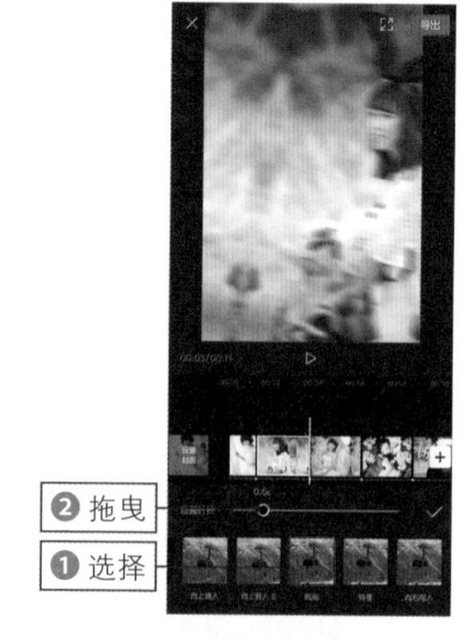

图 7–25 调整动画时长

步骤 09 采用同样的操作方法，为后面 3 段视频素材添加同样的动画效果，点击☑按钮添加动画效果。❶ 拖曳时间轴至起始位置；❷ 点击“特效”按钮，如图 7–26 所示。

步骤 10 在“基础”选项卡中选择“变清晰”特效，点击☑按钮添加特效。拖曳特效轨道右侧的白色拉杆，调整特效的持续时长，使其与第 1 段视频素材的时长保持一致，如图 7-27 所示。

图 7-26　点击“特效”按钮

图 7-27　调整特效的持续时长

步骤 11 点击《按钮返回，点击“新增特效”按钮，添加一个“星火炸开”特效。拖曳特效轨道右侧的白色拉杆，调整特效的持续时长，使其与第 2 段视频素材的时长保持一致，如图 7-28 所示。

步骤 12 采用同样的操作方法，为后面 3 段视频素材添加同样的特效，如图 7-29 所示。

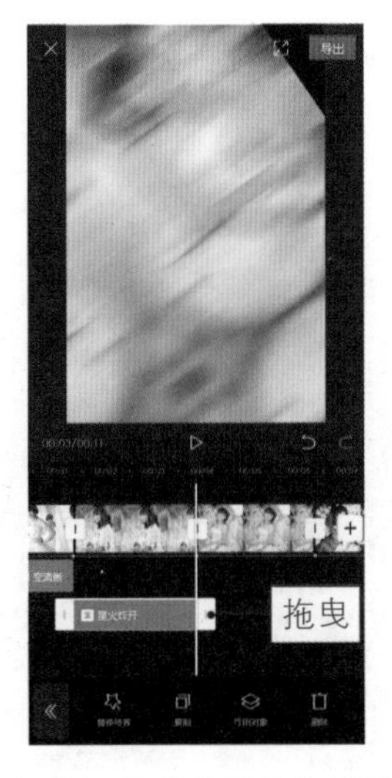

图 7-28　调整特效的持续时长

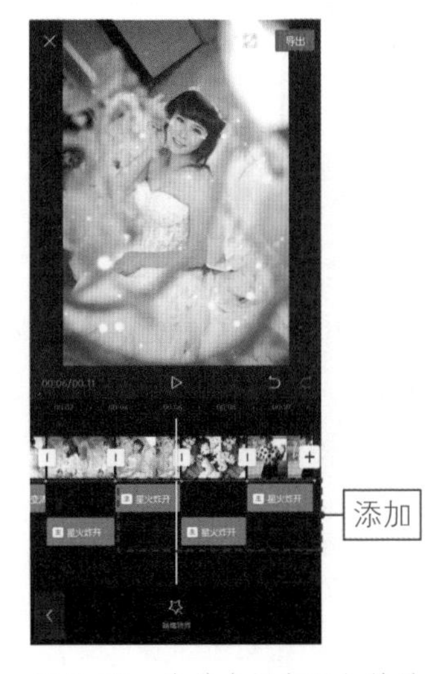

图 7-29　为其余视频添加特效

步骤 13 点击“导出”按钮，导出并预览视频，效果如图 7-30 所示。可以看到第1段视频跟随着卡点音乐从模糊变清晰，后面4段视频也从画面外进入画面内。

图7-30 导出并预览视频效果

扫码看教程

扫码看视频效果

旋转立方体卡点：动感霓虹灯效果

旋转立方体卡点是一个非常炫酷的卡点短视频，下面介绍使用剪映App制作旋转立方体卡点短视频的操作方法。

步骤 01 在剪映App中导入6段素材，并添加卡点音乐，在“比例”菜单中选择9:16选项，如图7-31所示。

步骤 02 依次点击“背景”按钮和“画布模糊”按钮，在“画布模糊”界面中选择第1个模糊效果，如图7-32所示。

步骤 03 依次点击“应用到全部”按钮和✓按钮，选择音频轨道，点击“踩点”按钮。进入“踩点”界面后，

图7-31 选择9:16选项

图7-32 选择第1个模糊效果

❶ 点击“自动踩点”按钮；❷ 选择“踩节拍 I ”选项，如图 7-33 所示。

步骤 04 点击✓按钮添加节拍点，❶ 选择第 1 段视频素材；❷ 拖曳其右侧的白色拉杆，调整视频时长，使其与第 1 个黄色小圆点对齐，如图 7-34 所示。

图 7-33　选择“踩节拍 I”选项　　图 7-34　调整视频时长

步骤 05 采用同样的操作方法，将后面的视频片段对齐相应的黄色小圆点。❶ 选择第 1 段视频素材；❷ 在“蒙版”编辑界面选择“镜面”蒙版；❸ 在预览区域旋转蒙版，使其垂直，并拖曳«按钮，将羽化值拉到最大，如图 7-35 所示。

步骤 06 点击✓按钮添加蒙版，点击“动画”按钮，在“组合动画”中选择“立方体”动画效果，如图 7-36 所示。

图 7-35　将羽化值拉到最大

图 7-36　选择“立方体”动画效果

步骤 07 点击✓按钮返回主界面。点击“特效”按钮，在“动感”选项卡中选择“霓虹灯”特效，如图 7–37 所示。

步骤 08 点击✓按钮返回，调整特效轨道的持续时长，使其与第 1 段视频轨道保持一致，如图 7–38 所示。

图 7–37 选择“霓虹灯”特效

图 7–38 调整特效轨道的持续时长

步骤 09 采用同样的操作方法，为其余视频素材添加效果。点击“导出”按钮，导出并播放预览视频，效果如图 7–39 所示。可以看到人像立方体旋转，在卡点位置向前推进。

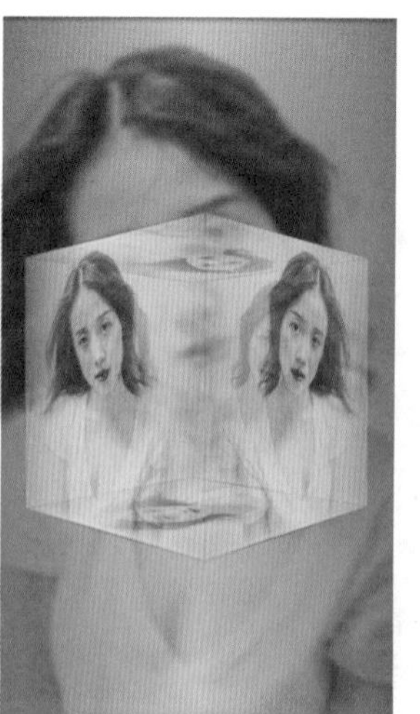

图 7–39 导出并预览视频效果

扫码看教程

扫码看视频效果

TIPS● 063

定格画面卡点：留下你走过的痕迹

定格画面卡点短视频是指人物走路根据音乐定格人物画面，下面介绍使用剪映 App 制作定格画面卡点短视频的操作方法。

步骤 01 在剪映 App 中导入一段素材，并添加卡点音乐。选择音频轨道，点击“踩点”按钮，如图 7-40 所示。

步骤 02 进入“踩点”界面后，点击[+添加点]按钮，为其添加节拍点，如图 7-41 所示。

步骤 03 点击✓按钮返回，❶ 选择视频轨道；❷ 拖曳时间轴至第 1 个节拍点的位置；❸ 点击“定格”按钮，如图 7-42 所示。

步骤 04 点击«按钮返回主界面，点击“画中画”按钮，❶ 选择定格的视频轨道；❷ 点击“切画中画”按钮，如图 7-43 所示。

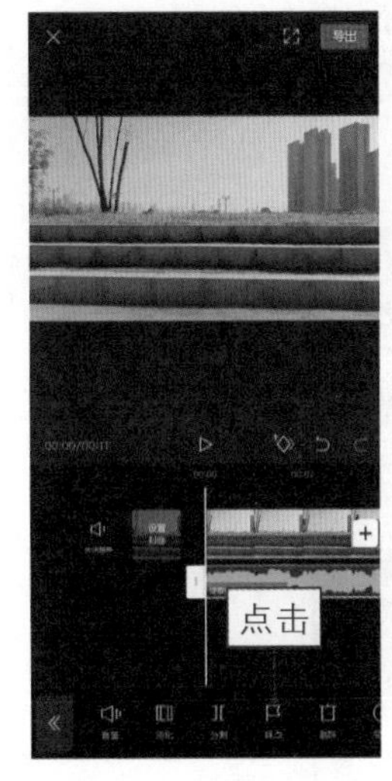

图 7-40　点击“踩点”按钮

图 7-41　添加节拍点

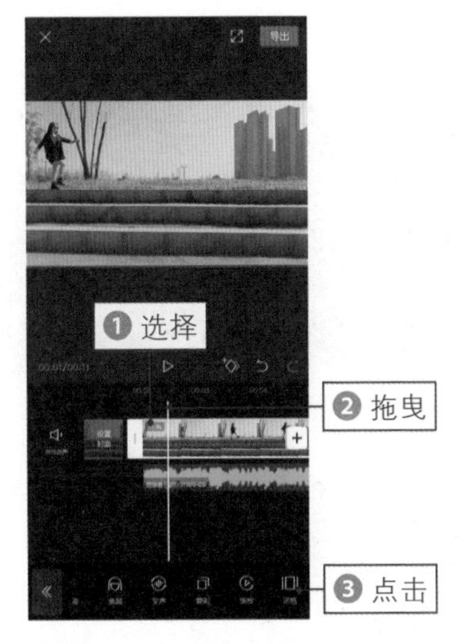

图 7-42　点击“定格”按钮

图 7-43　点击“切画中画”按钮

步骤05 ❶拖曳画中画轨道右侧的白色拉杆，使其与音频轨道的时长保持一致；❷点击“蒙版”按钮，如图7-44所示。

步骤06 进入“蒙版”界面后，❶选择“镜面”蒙版；❷在预览区域适当调整蒙版的位置；❸拖曳[»]按钮，调整羽化值，如图7-45所示。

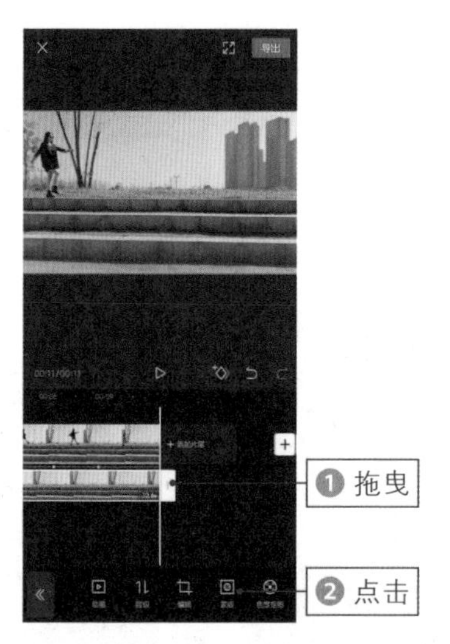

图7-44 点击“蒙版”按钮

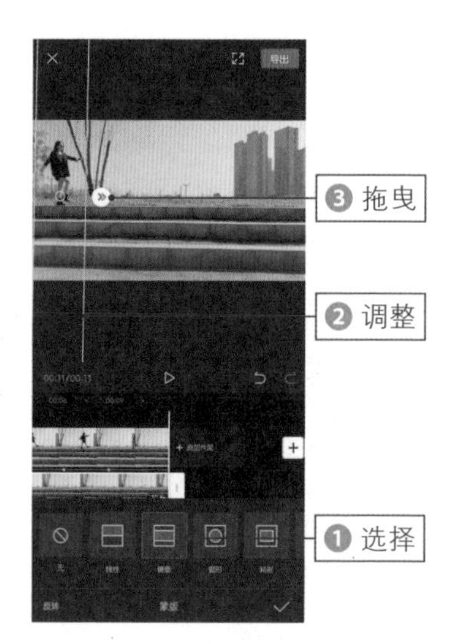

图7-45 调整羽化值

步骤07 采用同样的操作方法，为其余视频素材添加定格和镜面蒙版效果。点击“导出”按钮，导出并预览视频，效果如图7-46所示。可以看到人物在卡点音乐的每个节拍点的位置定格。

图7-46 导出并预览视频效果

扫码看教程

扫码看视频效果

TIPS• 064

风格反差卡点：让你的视频酷起来

风格反差卡点是非常炫酷的卡点短视频，能让所拍摄的视频轻轻松松地酷起来。下面介绍使用剪映 App 制作风格反差卡点短视频的操作方法。

步骤 01 在剪映 App 中导入 3 段素材，第 1 段素材与后面两段素材要形成反差，并添加合适的背景音乐。将第 1 段素材的时长设置为 3.8 秒，将后面两段素材的时长分别设置为 2.5 秒和 2 秒，❶ 选择第 1 段素材；❷ 点击“动画”按钮，如图 7–47 所示。

步骤 02 在“组合动画”中选择“旋入晃动”动画效果，如图 7–48 所示。

图 7–47　点击“动画”按钮

图 7–48　选择“旋入晃动”动画效果

步骤 03 采用同样的操作方法，为后面两段素材添加“入场动画”中的“向右下甩入”动画效果。拖曳时间轴至起始位置，在“基础”特效选项卡中选择“模糊开幕”特效，为第 1 段素材添加特效，如图 7–49 所示。

步骤 04 点击✓按钮返回，采用同样的操作方法，为后面两段素材分别添加“梦幻”特效选项卡中的“波纹色差”特效和“烟雾”特效，如图 7–50 所示。

图 7–49　选择“模糊开幕”特效

图 7–50　为后面两段素材添加特效

步骤 05 拖曳时间轴至第 2 段素材的起始位置，点击“添加贴纸”按钮，❶ 选择合适的文字贴纸；

❷ 在预览区域调整贴纸的大小和位置，如图 7–51 所示。

步骤 06 点击✓按钮返回，调整第 1 个文字贴纸的持续时长，使其与第 2 段素材时长保持一致。❶ 为第 3 段素材也添加一个文字贴纸效果；❷ 在预览区域调整贴纸的大小和位置，如图 7–52 所示。

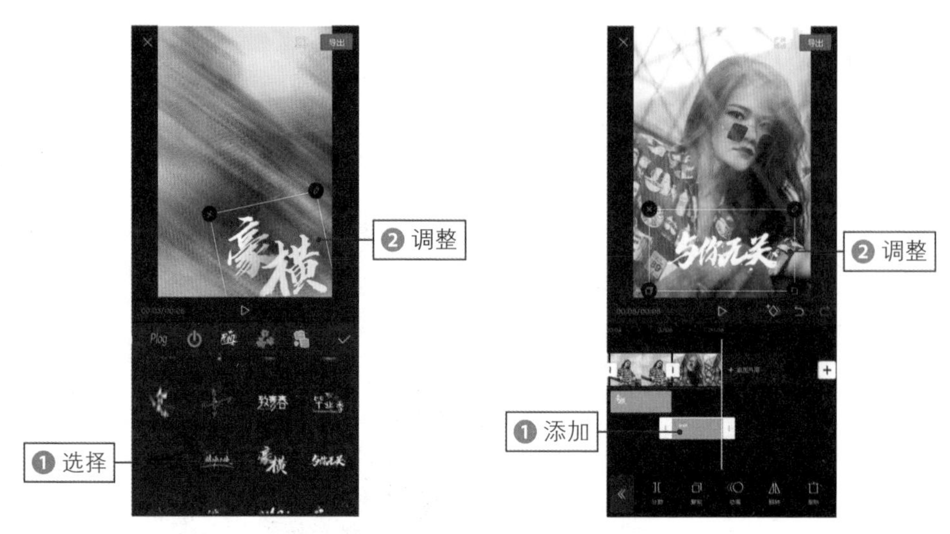

图 7–51 调整贴纸的位置和大小　　图 7–52 调整贴纸的位置和大小

步骤 07 点击“导出”按钮，导出并预览视频，效果如图 7–53 所示。可以看到第 1 个温柔知性风格的素材从模糊变清晰，后面两段嘻哈炫酷素材伴随着音乐和烟雾从左上角甩入。

扫码看教程

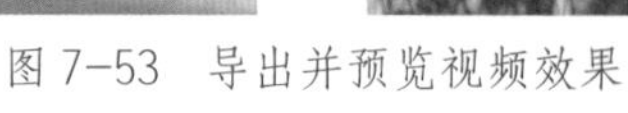

图 7–53 导出并预览视频效果

扫码看视频效果

第 8 章

特效案例：5 个炫酷效果制作电影大片

抖音上有许多热门、好玩的视频效果，能够成功吸引大批观众。本章将介绍使用剪映 App 制作渐变调色、凌波微步、踩空凳子走路、闭上眼全是你及手机倒钱 5 个短视频效果的具体操作方法，帮助读者快速登上热门。

渐变调色：让绿树快速变成棕褐色

利用剪映 App 能够轻松制作出火爆全网的渐变调色，下面介绍具体的操作方法。

步骤 01 在剪映 App 中导入一段素材，❶ 拖曳时间轴至开始变色的位置；❷ 选择视频轨道；❸ 点击按钮，添加一个关键帧，如图 8-1 所示。

步骤 02 ❶ 拖曳时间轴至渐变结束的位置；❷ 点击按钮，再添加一个关键帧，如图 8-2 所示。

步骤 03 点击下方工具栏中的“滤镜”按钮，在“滤镜”界面的“风景”选项卡中选择“远途”滤镜效果，如图 8-3 所示。

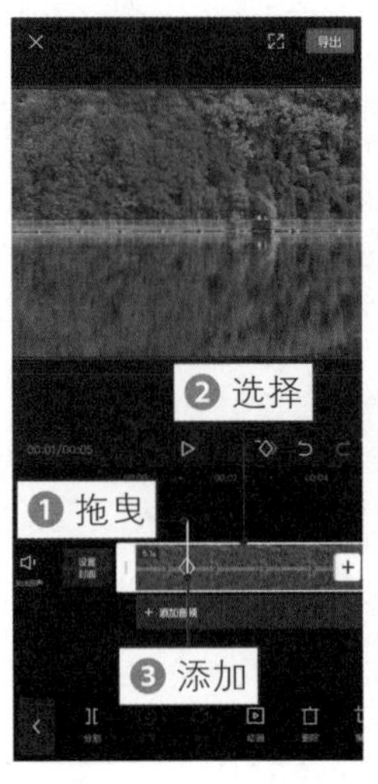

图8-1 添加关键帧(1)

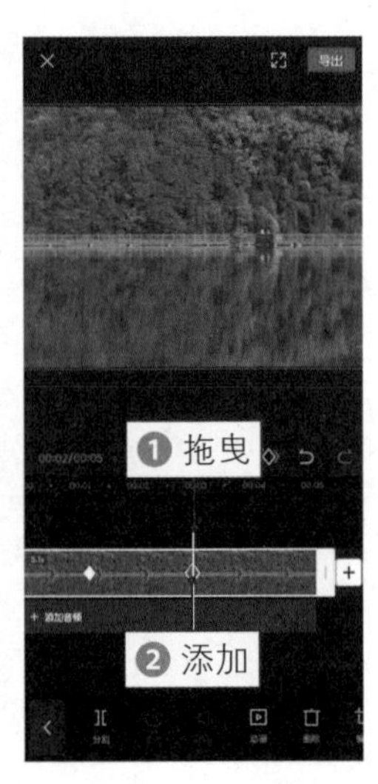

图8-2 添加关键帧(2)

步骤 04 点击按钮返回，点击下方工具栏中的“调节”按钮，❶ 在“调节”界面中选择“亮度”选项；❷ 拖曳白色圆环滑块，将其参数设置为 -25，如图 8-4 所示。

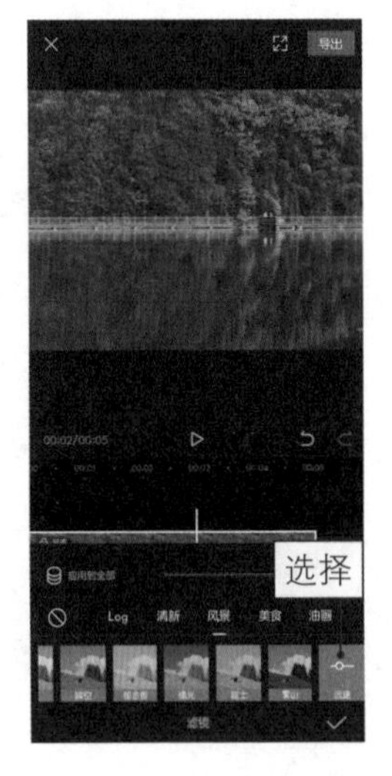

图 8-3 选择“远途”滤镜效果

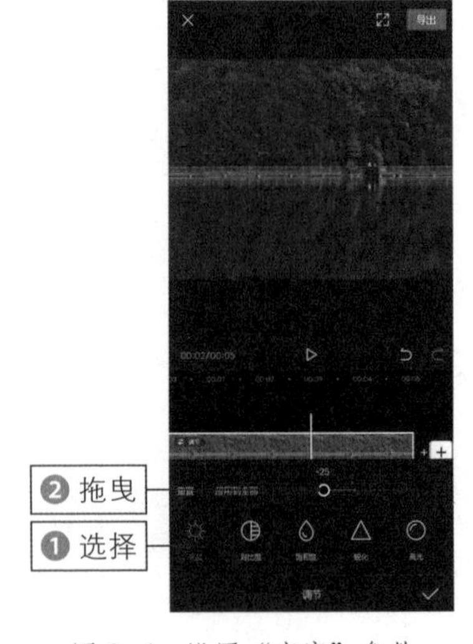

图 8-4 设置“亮度”参数

步骤 05 ❶ 选择“饱和度”选项；❷ 拖曳白色圆环滑块，将其参数设置为 –43，如图 8–5 所示。

步骤 06 ❶ 选择“锐化”选项；❷ 拖曳白色圆环滑块，将其参数设置为 39，如图 8–6 所示。

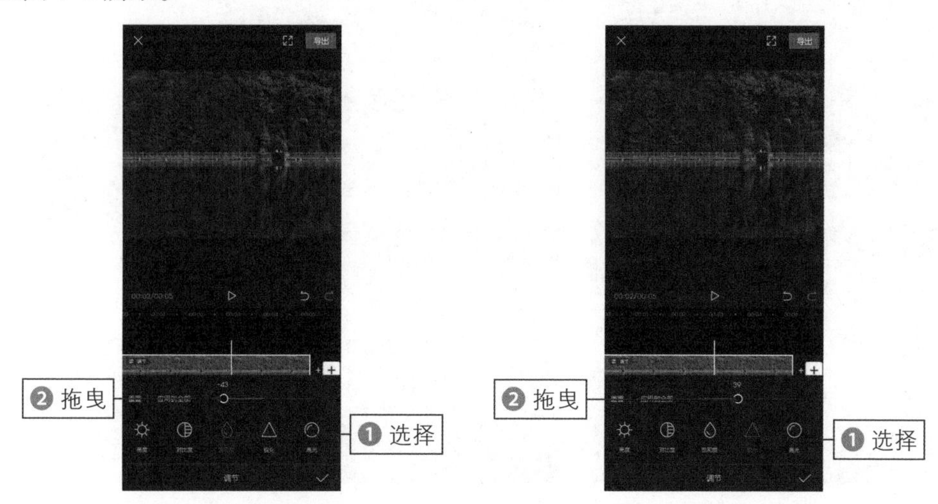

图 8–5　设置“饱和度”参数　　　图 8–6　设置“锐化”参数

步骤 07 ❶ 选择“色温”选项；❷ 拖曳白色圆环滑块，将其参数设置为 50，如图 8–7 所示。

步骤 08 点击✓按钮添加调节效果。拖曳时间轴至第一个关键帧的位置，点击“滤镜”按钮，拖曳滤镜界面上方的白色圆环滑块，将其参数设置为 0，如图 8–8 所示。

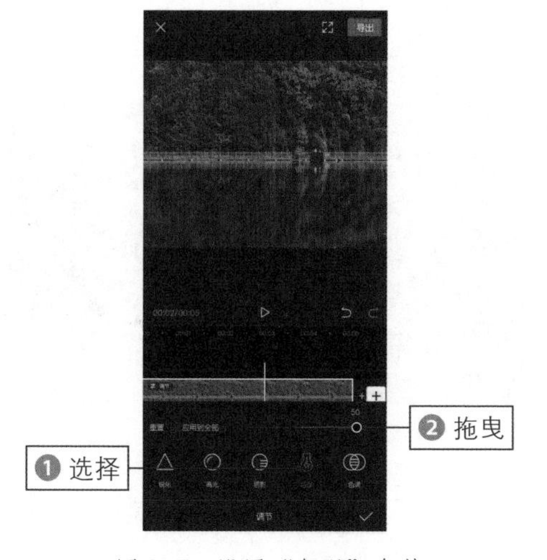

图 8–7　设置“色温”参数

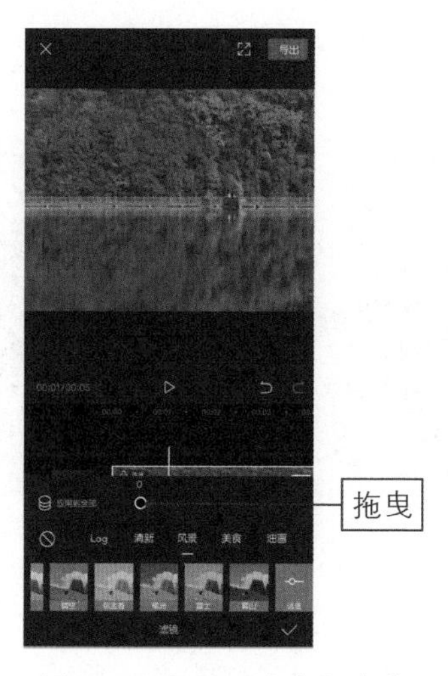

图 8–8　设置“滤镜”参数

步骤 09 点击右上角的“导出”按钮，导出并预览视频，效果如图 8-9 所示。可以看到原本绿色的树木慢慢全部变成了棕褐色。

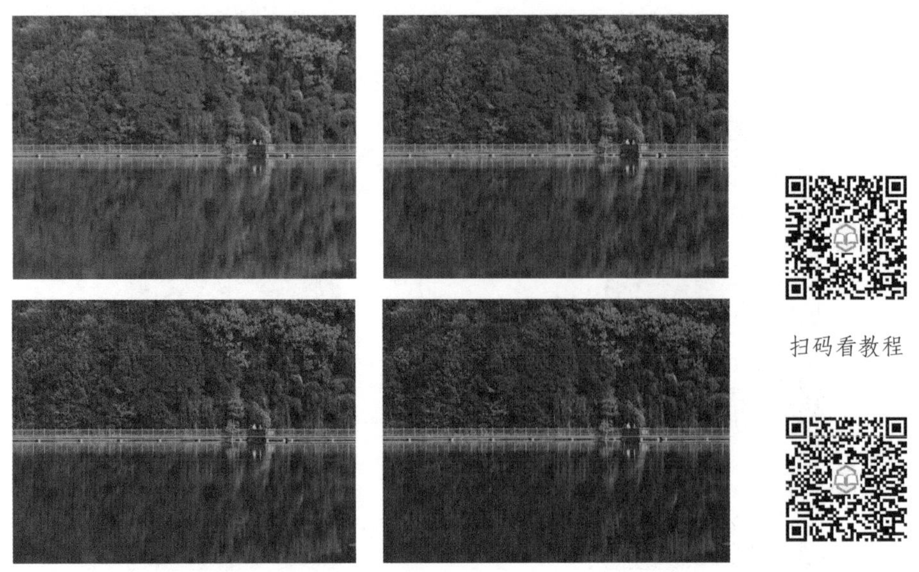

图 8-9 导出并预览视频效果

扫码看教程

扫码看视频效果

TIPS 066 凌波微步：让你轻松拥有独门轻功

下面介绍使用剪映 App 制作凌波微步短视频的具体操作方法。

步骤 01 用三脚架固定手机位置不动，拍摄一段人物从远处奔跑过来的视频，如图 8-10 所示。

图 8-10 拍摄视频素材

步骤 02 在剪映 App 中导入视频素材，❶ 放大视频轨道；❷ 拖曳时间轴至 5f 位置；❸ 依次点击“画中画”按钮和“新增画中画”按钮，如图 8-11 所示。

步骤 03 再次导入视频素材，在预览区域调整视频画面，使其铺满屏幕，如图 8–12 所示。

图 8–11　点击“新增画中画”按钮　　　图 8–12　调整视频画面

步骤 04 点击«按钮返回，❶ 拖曳时间轴至 10f 位置；❷ 点击“新增画中画”按钮，如图 8–13 所示。

步骤 05 再次导入视频素材，❶ 在预览区域调整视频画面，使其铺满屏幕；❷ 依次点击“变速”按钮和“常规变速”按钮，如图 8–14 所示。

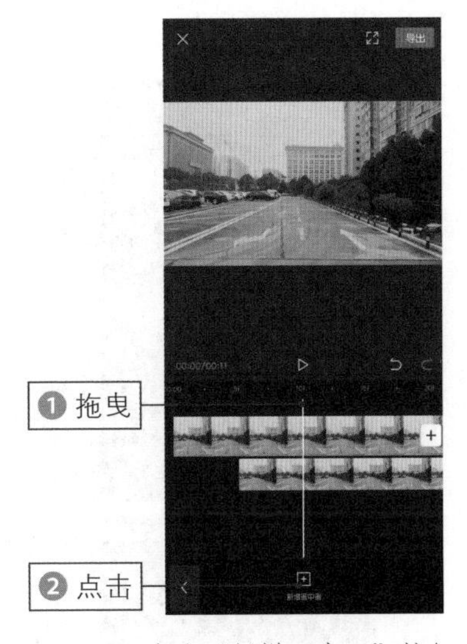

图 8–13　点击“新增画中画”按钮

图 8–14　点击“常规变速”按钮

步骤 06 进入“变速”界面后，拖曳红色圆环滑块，将视频播放速度设置为

3.0×，如图 8-15 所示。

步骤 07 采用同样的操作方法，将另外两段视频的播放速度也设置为 3.0×，❶ 选择第 1 段画中画视频轨道；❷ 点击“不透明度”按钮，如图 8-16 所示。

图 8-15 设置视频播放速度

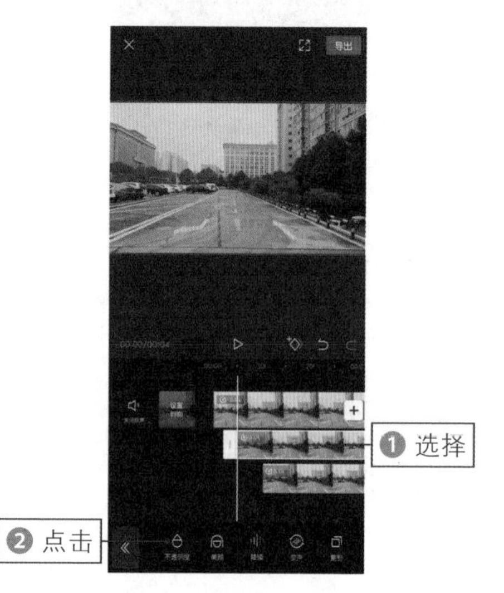

图 8-16 点击“不透明度”按钮

步骤 08 进入“不透明度”界面后，向左拖曳白色圆环滑块，将第 1 段画中画视频的“不透明度”设置为 50，如图 8-17 所示。

步骤 09 采用以上同样的操作方法，将第 2 段画中画视频的“不透明度”也设置为 50，点击一级工具栏中的“滤镜”按钮，如图 8-18 所示。

图 8-17 设置不透明度

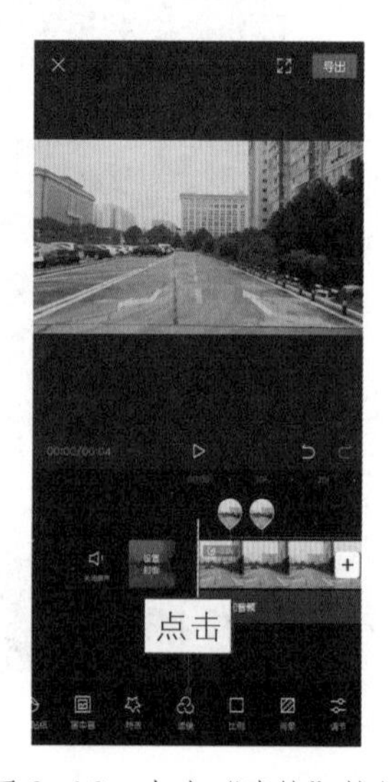

图 8-18 点击“滤镜”按钮

步骤 10 进入“滤镜”界面后，❶ 切换至“风景”选项卡；❷ 选择“京都”滤镜效果，如图 8-19 所示。

步骤 11 点击✓按钮返回，拖曳滤镜轨道右侧的白色拉杆，调整滤镜的持续时长，使其与第 2 段画中画视频轨道对齐，如图 8-20 所示。

图 8-19　选择“京都”滤镜效果

图 8-20　调整滤镜的持续时长

步骤 12 添加合适的背景音乐，点击右上角的“导出”按钮，导出并预览视频，效果如图 8-21 所示。可以看到人物向前奔跑时出现了重影效果。

图 8-21　导出并预览视频效果

扫码看教程

扫码看视频效果

TIPS 067 踩空凳子走路：让你拥有悬浮技能

"踩空凳子走路"是非常受欢迎的一类短视频。下面介绍使用剪映 App 制作"踩空凳子走路"视频的具体操作方法。

步骤 01 用三脚架固定手机位置不动，拍摄两段视频素材。第一段视频素材拍摄人物从凳子上走过；第二段视频素材拍摄把凳子拿走后没有人物的空场景，如图 8-22 所示。

图 8-22　拍摄两段视频素材

步骤 02 在剪映 App 中导入拍摄的第一段视频素材，点击"画中画"按钮，如图 8-23 所示。

步骤 03 点击"新增画中画"按钮，导入第二段视频素材，❶ 在预览区域调整视频画面，使其铺满屏幕；❷ 点击"蒙版"按钮，如图 8-24 所示。

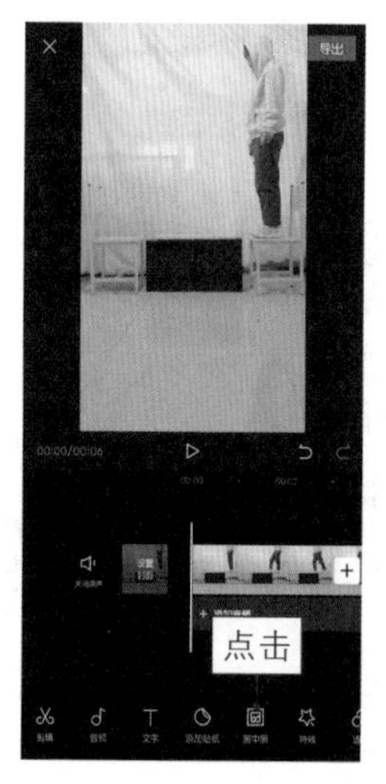

图 8-23　点击"画中画"按钮

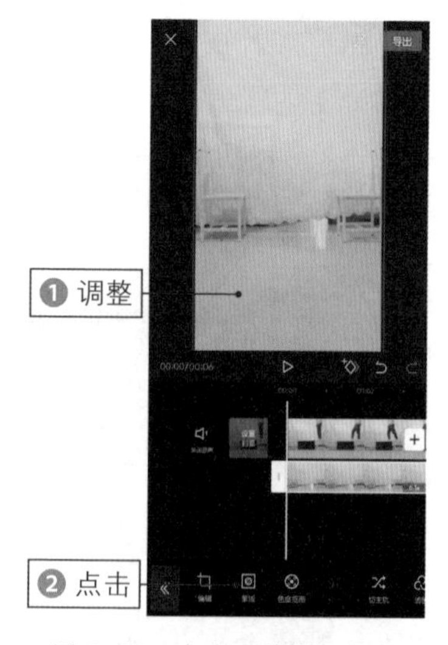

图 8-24　点击"蒙版"按钮

步骤 04 进入"蒙版"界面后，❶ 选择"线性"蒙版；❷ 在预览区域调整蒙版的位置；❸ 点击"反转"按钮；❹ 拖曳按钮，适当调整羽化值，如图 8-25 所示。

步骤 05　点击✓按钮返回主界面，点击“音频”按钮，为其添加合适的背景音乐，如图 8-26 所示。

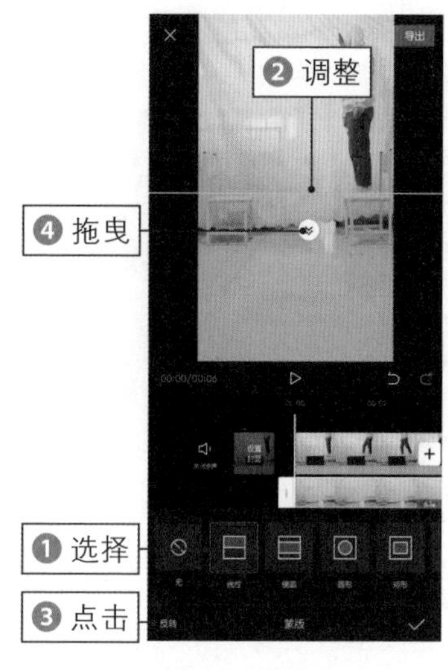

图 8-25　调整羽化值

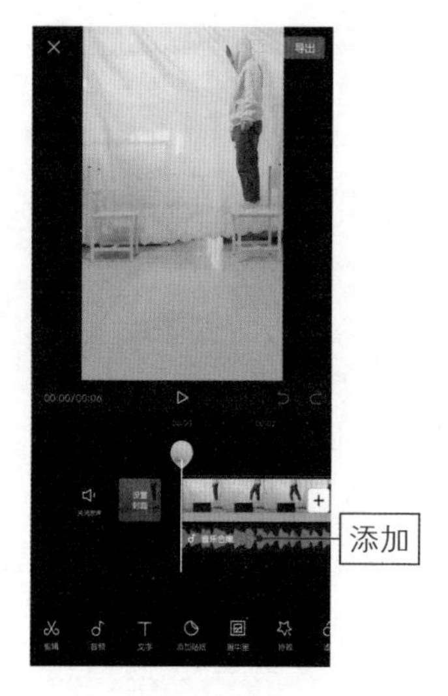

图 8-26　添加背景音乐

步骤 06　点击右上角的“导出”按钮，导出并预览视频，效果如图 8-27 所示。可以看到人物走到凳子的中间位置时，中间是空的，但是人物却没有掉下去。制作视频时需要注意，在中间位置放置的凳子颜色要尽量与背景颜色一样，且拍摄时光线和机位不能发生改变，否则将会和笔者制作的视频效果一样，中间会有明显的分割痕迹。

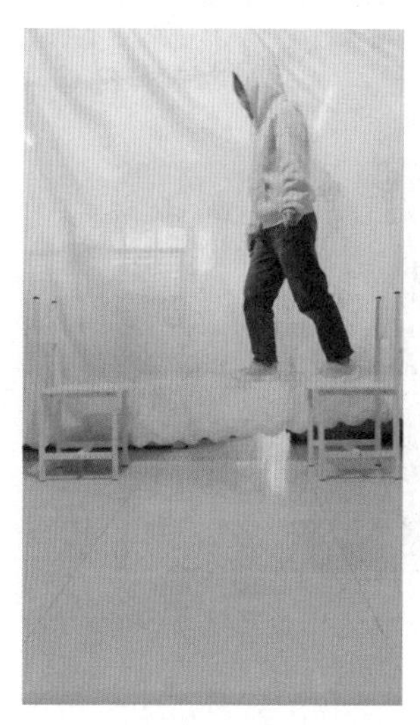

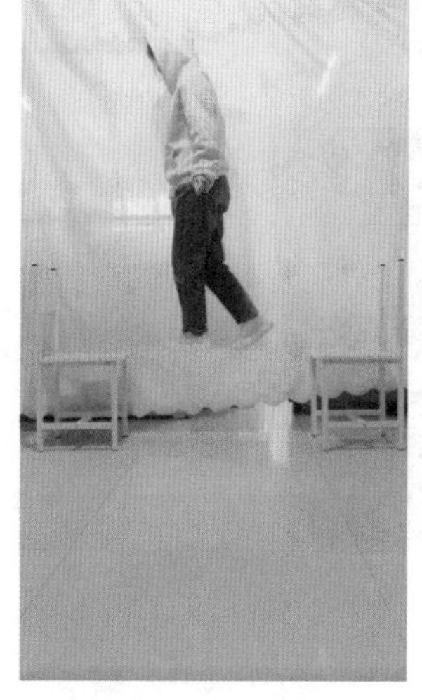

图 8-27　导出并预览视频效果

扫码看教程

扫码看视频效果

闭上眼全是你：让你看到我的脑海

“闭上眼全是你”是非常火爆的一种短视频。下面介绍使用剪映 App 制作“闭上眼全是你”短视频的操作方法。

步骤 01 用三脚架固定手机位置不动，拍摄一段人物闭上眼的视频素材，如图 8–28 所示。

图 8–28 拍摄视频素材

步骤 02 在剪映 App 中导入拍摄的视频素材，点击一级工具栏中的“音频”按钮，如图 8–29 所示。

步骤 03 为视频添加合适的背景音乐，❶ 拖曳时间轴至人物闭上眼的位置；❷ 选择视频轨道；❸ 点击下方工具栏中的“定格”按钮，如图 8–30 所示。

图 8–29 点击“音频”按钮

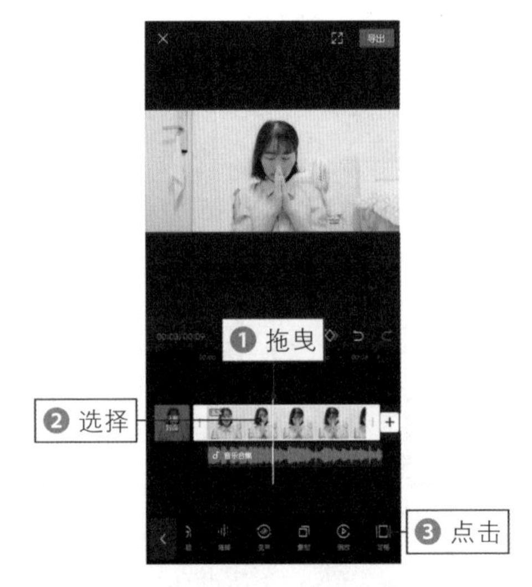

图 8–30 点击“定格”按钮

步骤 04 ❶ 选择第 3 段视频轨道；❷ 点击“删除”按钮，如图 8–31 所示。

步骤 05 ❶ 选择第 1 段视频轨道；❷ 拖曳其右侧的白色拉杆，将其时长设置为 3 秒，如图 8–32 所示。

图 8–31　点击“删除”按钮

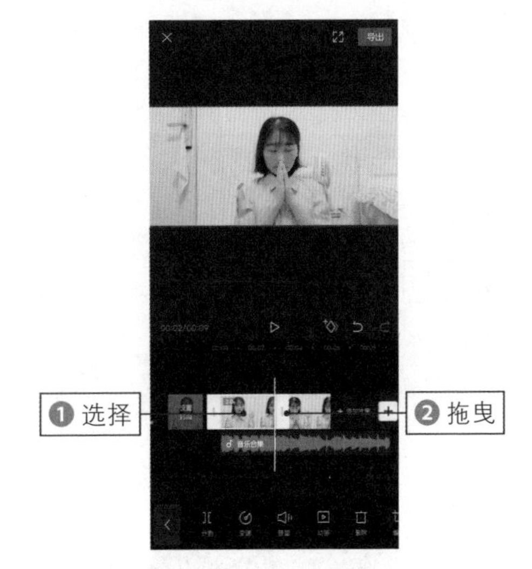

图 8–32　设置第 1 段视频的时长

步骤 06 ❶ 选择第 2 段视频轨道；❷ 拖曳其右侧的白色拉杆，调整定格画面的持续时长，使其与音频轨道对齐，如图 8–33 所示。

步骤 07 ❶ 拖曳时间轴至第 2 段视频轨道的起始位置；❷ 依次点击“画中画”按钮和“新增画中画”按钮，如图 8–34 所示。

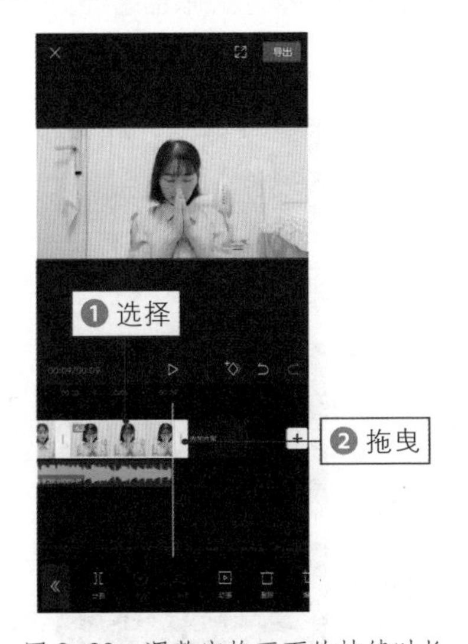

图 8–33　调整定格画面的持续时长

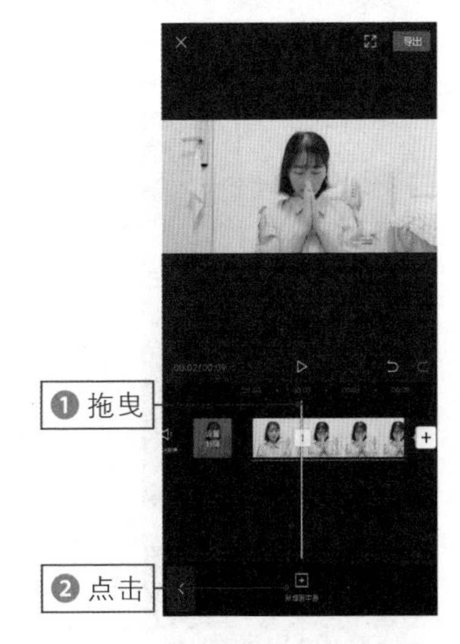

图 8–34　点击“新增画中画”按钮

步骤 08 导入一段素材，❶ 在“混合模式”菜单中选择“正片叠底”选项；❷ 拖曳“不透明度”选项的白色圆环滑块，将其参数设置为 50；❸ 在预览区域调整画中画素材的画面大小，使其铺满屏幕，如图 8-35 所示。

步骤 09 点击✓按钮返回，❶ 拖曳画中画轨道右侧的白色拉杆，将其时长设置为 0.4 秒；❷ 点击下方工具栏中的“动画”按钮，如图 8-36 所示。

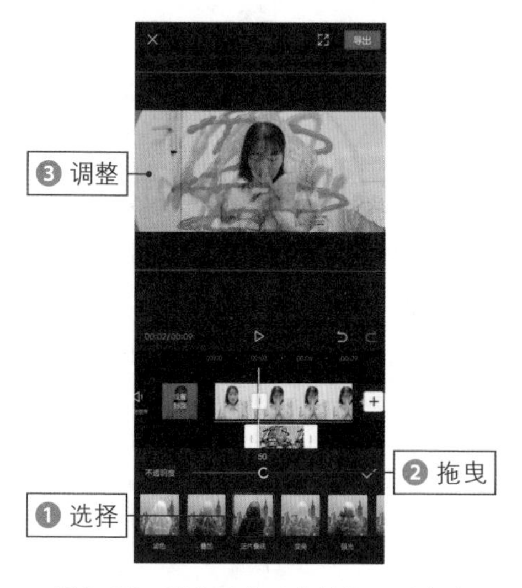

图 8-35　调整画中画素材的画面大小

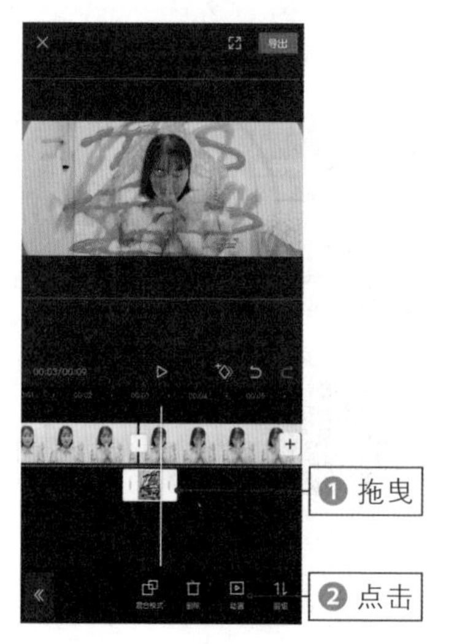

图 8-36　点击“动画”按钮

步骤 10 在入场动画中选择“动感缩小”动画效果，如图 8-37 所示。

步骤 11 点击✓按钮添加动画效果，采用同样的操作方法添加多段素材，直至背景音乐结束，如图 8-38 所示。

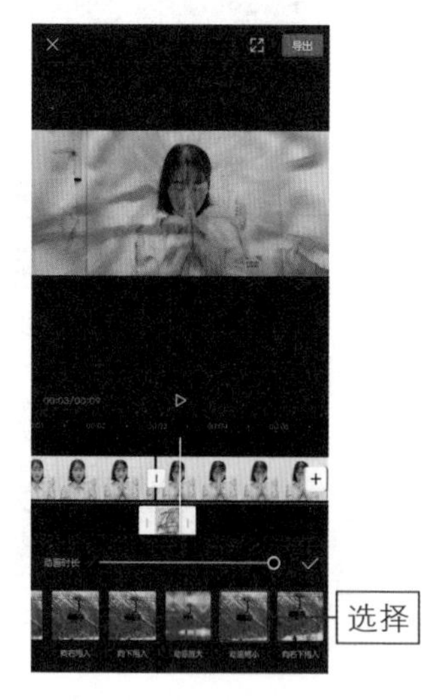

图 8-37　选择“动感缩小”动画效果

图 8-38　添加其他素材

步骤 12 点击右上角的“导出”按钮，导出并预览视频，效果如图 8-39 所示。可以看到人物闭上眼后，许多美食画面从放大到缩小快速呈现在画面中间，仿佛看到了人物的内心想法一样。

图 8-39　导出并预览视频效果

扫码看教程

扫码看视频效果

手机倒钱：轻轻松松帮你涨零花钱

手机轻松倒出零花钱短视频是非常神奇的一个特效案例。下面介绍使用剪映 App 制作“手机倒零花钱”的操作方法。

步骤 01 准备一个透明玻璃杯、一部手机和一定数量的硬币。选择一个干净整洁的背景环境，用三脚架固定手机位置不动，防止画面抖动偏移，拍摄两段视频素材。第 1 段视频素材拍摄手机盖在透明玻璃杯上不动的画面；第 2 段视频素材拍摄硬币掉进透明玻璃杯中的画面，如图 8–40 所示。

图 8–40 拍摄视频素材

步骤 02 在剪映 App 中导入两段视频素材，❶ 并添加合适的背景音乐；❷ 点击“画中画”按钮，如图 8–41 所示。

步骤 03 ❶ 选择第 2 段视频素材；❷ 点击“切画中画”按钮，如图 8–42 所示。

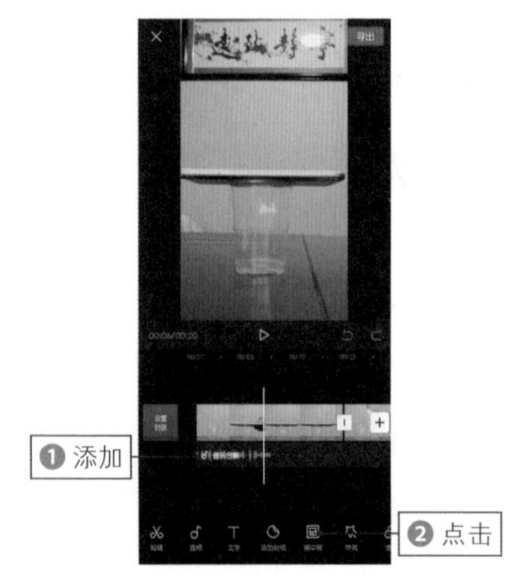

图 8–41 点击“画中画”按钮

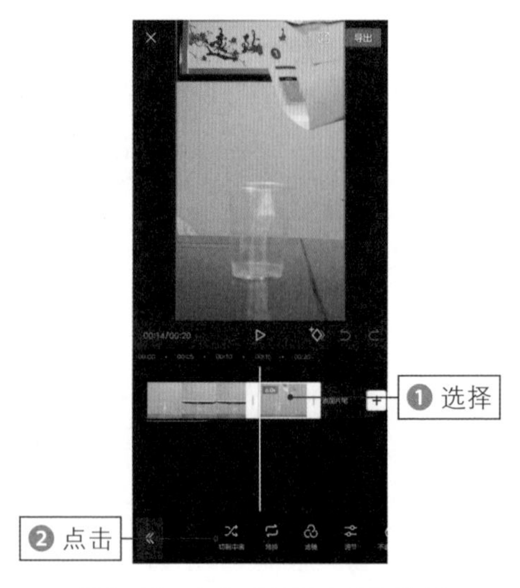

图 8–42 点击“切画中画”按钮

步骤 04 根据音频删除两段视频素材前后多余的部分，如图 8–43 所示。

步骤 05 ❶ 选择画中画轨道；❷ 点击“蒙版”按钮，在“蒙版”界面中选择“线性”蒙版；❸ 在预览区域调整蒙版的位置；❹ 点击“反转”按钮，如图 8–44 所示。

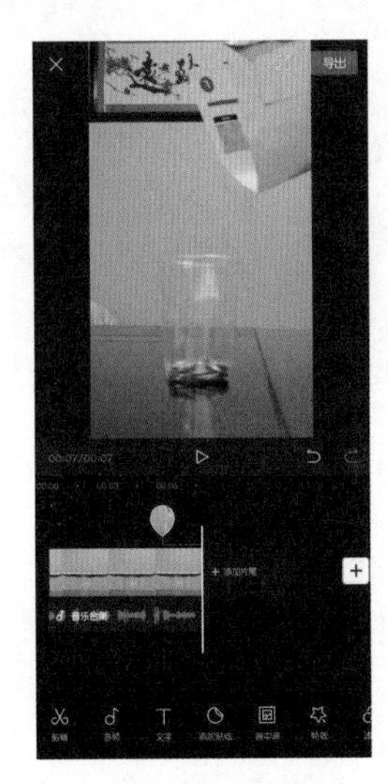

图 8–43　删除多余的视频素材

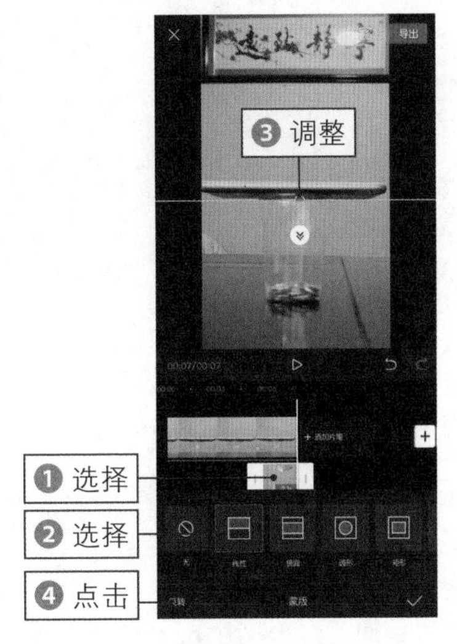

图 8–44　点击“反转”按钮

步骤 06 点击右上角的“导出”按钮，导出并预览视频，效果如图 8–45 所示。可以看到手机盖在透明杯子上，零花钱通过手机掉进杯子里的画面。

图 8–45　导出并预览视频效果

扫码看教程

扫码看视频效果

第 9 章

变身案例：4 个变身效果打造超火换装

短视频中有很多超燃超酷的变身案例，如何制作这些换装视频也是很多初学者迫切希望学会的操作。本章将介绍 Maria 变身、擦火柴变身、捂胸口变身及抬头变身 4 个变身案例的制作方法，帮助读者轻松学会制作爆火变身短视频的方法。

TIPS• 070

Maria 变身：色彩溶解获赞百万

拼音上的“色彩溶解变身”短视频非常受欢迎。下面介绍使用剪映 App 制作“色彩溶解变身”短视频的操作方法。

步骤 01 用三脚架固定手机位置不动，拍摄两段视频素材。第一段视频素材为变装前，第二段视频素材为变装后，如图 9-1 所示。

图 9-1　拍摄两段视频素材

步骤 02 在剪映 App 中导入拍摄好的两段视频素材，并添加背景音乐，如图 9-2 所示。

步骤 03 ❶ 拖曳时间轴至人物即将张开手掌的位置；❷ 选择第一段视频轨道；❸ 点击下方工具栏中的“分割”按钮，如图 9-3 所示。

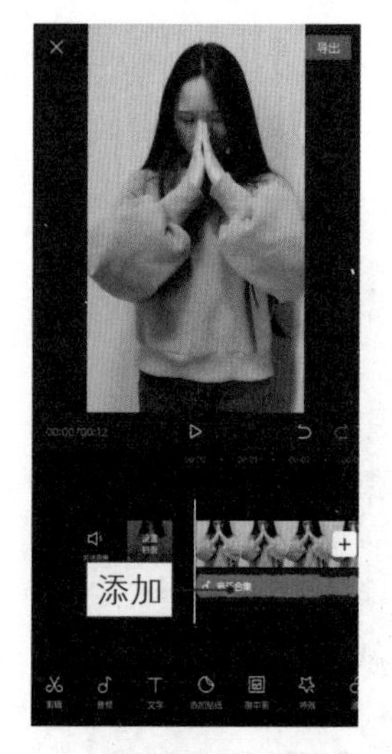

图 9-2　添加背景音乐

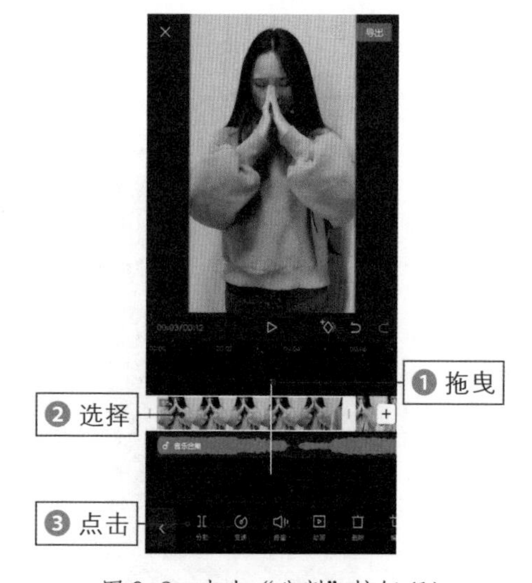

图 9-3　点击“分割”按钮(1)

步骤 04 删除第一段视频后面多余的部分，❶ 选择第二段视频轨道；❷ 拖曳时间轴至人物即将张开手掌的位置；❸ 点击“分割”按钮，如图 9-4 所示。

步骤 05 删除第二段视频前面多余的部分。点击 按钮，❶ 在“基础转场”选项卡中选择“色彩溶解”转场效果；❷ 拖曳滑块，调整转场时长，如图 9-5 所示。

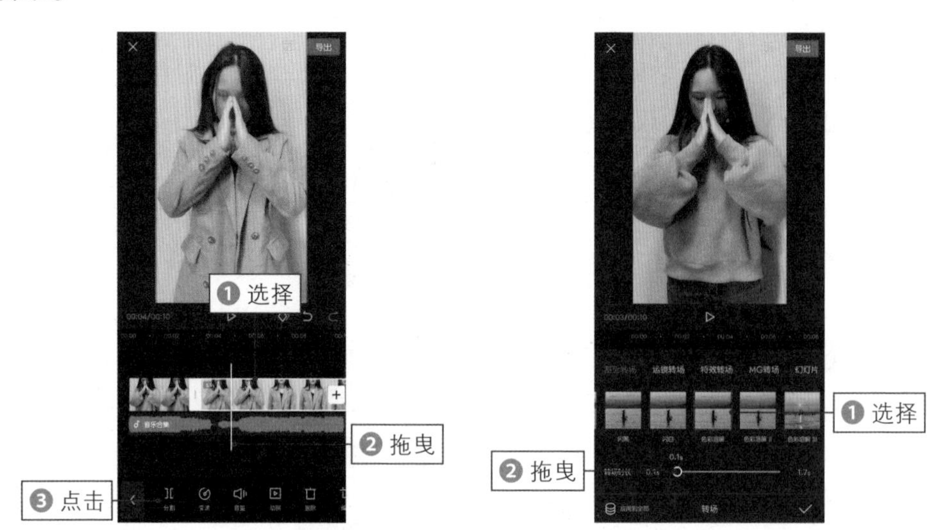

图 9-4 点击“分割”按钮（2）

图 9-5 调整转场时长

步骤 06 点击✓按钮添加转场效果。点击“特效”按钮，在“梦幻”选项卡中选择“人鱼滤镜”特效，如图 9-6 所示。

步骤 07 点击✓按钮添加特效，拖曳特效轨道右侧的白色拉杆，调整特效的持续时长，使其与视频轨道末尾对齐，如图 9-7 所示。

图 9-6 选择“人鱼滤镜”特效

图 9-7 调整特效的持续时长

步骤 08 点击《按钮返回主界面，❶ 选择音频轨道；❷ 点击“分割”按钮，如图 9-8 所示。

步骤 09 选择多余的音频轨道，点击“删除”按钮，删除多余的音频素材，如图 9-9 所示。

图 9-8　点击“分割”按钮

图 9-9　删除多余的音频素材

步骤 10 点击右上角的“导出”按钮，导出并预览视频，效果如图 9-10 所示。可以看到跟随背景音乐的变化，两个画面融合在一起后完成变身效果。

图 9-10　导出并预览视频效果

扫码看教程

扫码看视频效果

TIPS 071 擦火柴变身：Bling 的自然效果

“擦火柴变身”也是非常火爆的一种变身案例。下面介绍使用剪映 App 制作“擦火柴变身”短视频的操作方法。

步骤 01 用三脚架固定手机位置不动，拍摄两段吹灭火柴的视频素材。第一段视频素材为变装前，第二段视频素材为变装后，如图 9-11 所示。

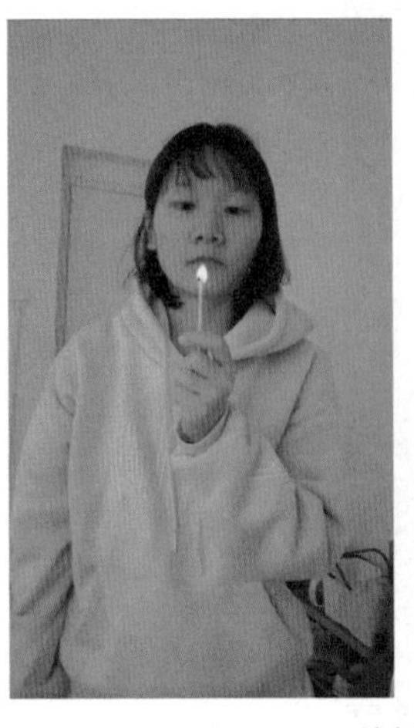

图 9-11　拍摄两段视频素材

步骤 02 在剪映 App 中导入拍摄好的两段视频素材，❶ 拖曳时间轴至火柴刚被吹灭的位置；❷ 选择第一段视频轨道；❸ 点击下方工具栏中的“分割”按钮，如图 9-12 所示。

步骤 03 删除第一段视频后面多余的部分，❶ 选择第二段视频轨道；❷ 拖曳时间轴至火柴刚被吹灭的位置；❸ 点击“分割”按钮，如图 9-13 所示。

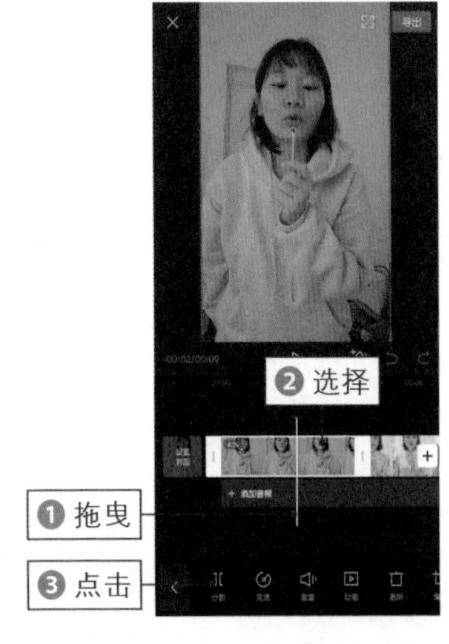

图 9-12　点击“分割”按钮 (1)

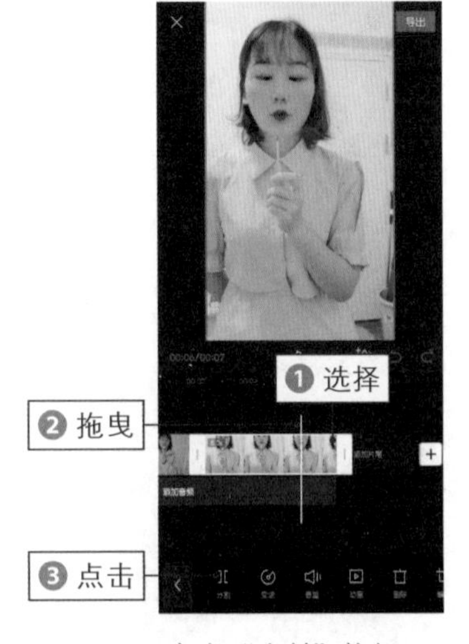

图 9-13　点击“分割”按钮 (2)

步骤 04 删除第二段视频前面多余的部分。❶ 选择第二段视频轨道；❷ 依次点击“变速”按钮和“常规变速”按钮，如图 9–14 所示。

步骤 05 进入“变速”界面后，向左拖曳红色圆环滑块，将视频的播放速度设置为 0.5×，如图 9–15 所示。

图 9–14　点击“常规变速”按钮

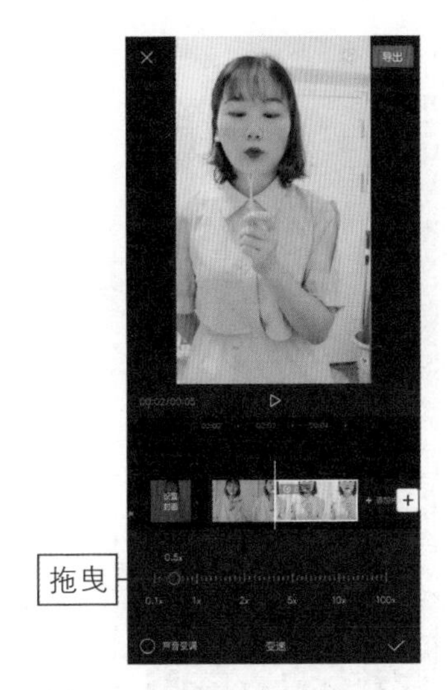

图 9–15　设置视频播放速度

步骤 06 点击按钮返回主界面。点击“特效”按钮，在 Bling 选项卡中选择“自然Ⅲ”特效，如图 9–16 所示。

步骤 07 点击按钮添加特效，拖曳特效轨道右侧的白色拉杆，调整特效的持续时长，使其与视频轨道末尾对齐，如图 9–17 所示。

图 9–16　选择“自然Ⅲ”特效

图 9–17　调整特效的持续时长

步骤 08 点击《按钮返回，点击“添加贴纸”按钮，❶ 选择合适的贴纸；❷ 在预览区域调整其位置和大小，如图 9-18 所示。

步骤 09 采用同样的操作方法添加多个贴纸效果，点击✓按钮添加贴纸效果。点击“音频”按钮，添加合适的背景音乐，如图 9-19 所示。

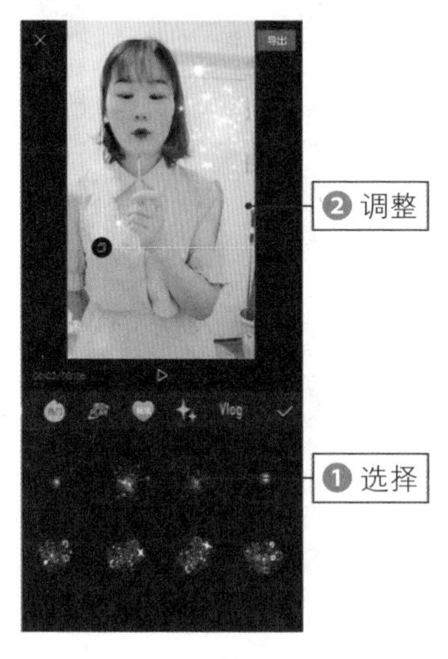

图 9-18 调整贴纸的位置和大小

图 9-19 添加背景音乐

步骤 10 点击右上角的“导出”按钮，导出并预览视频，效果如图 9-20 所示。可以看到吹灭火柴后，人物的装扮便发生了变化。

图 9-20 导出并预览视频效果

扫码看教程

扫码看视频效果

TIPS● 072 捂胸口变身：梦幻的星河特效

“捂胸口变身”短视频的制作方法非常简单易学。下面介绍使用剪映 App 制作“捂胸口变身”短视频的操作方法。

步骤 01 用三脚架固定手机位置不动，拍摄两段捂胸口的视频素材，第一段视频素材为变装前。第二段视频素材为变装后，如图 9-21 所示。

图 9-21　拍摄两段视频素材

步骤 02 在剪映 App 中导入拍摄好的两段视频素材，❶ 拖曳时间轴至人物向后倒的位置；❷ 选择第一段视频轨道；❸ 点击下方工具栏中的“分割”按钮，如图 9-22 所示。

步骤 03 删除第一段视频后面多余的部分，❶ 选择第二段视频轨道；❷ 拖曳时间轴至人物即将起来的位置；❸ 点击“分割”按钮，如图 9-23 所示。

图 9-22　点击“分割”按钮（1）

图 9-23　点击“分割”按钮（2）

步骤 04 删除第二段视频前面多余的部分。❶ 选择第二段视频轨道；❷ 依次点击"变速"按钮和"常规变速"按钮，如图 9-24 所示。

步骤 05 进入"变速"界面后，向左拖曳红色圆环滑块，将视频的播放速度设置为 0.5×，如图 9-25 所示。

图 9-24 点击"常规变速"按钮

图 9-25 设置视频播放速度

步骤 06 点击✓按钮返回主界面。点击"特效"按钮，在"梦幻"选项卡中选择"星河"特效，如图 9-26 所示。

步骤 07 点击✓按钮添加特效，拖曳特效轨道右侧的白色拉杆，调整特效的持续时长，使其与视频轨道末尾对齐，如图 9-27 所示。

图 9-26 选择"星河"特效

图 9-27 调整特效的持续时长

步骤 08 添加合适的背景音乐，点击右上角的“导出”按钮，导出并预览视频，效果如图 9–28 所示。可以看到人物向后倒，起身后便完成了换装。

图 9–28　导出并预览视频效果

扫码看教程

扫码看视频效果

TIPS 073 抬头变身：动感炫酷闪白效果

“闪白变身”短视频的制作方法同样非常简单。下面介绍使用剪映 App 制作“闪白变身”短视频的操作方法。

步骤 01 用三脚架固定手机位置不动，拍摄两段抬头的视频素材。第一段视频素材为变装前，第二段视频素材为变装后，如图 9–29 所示。

图 9–29　拍摄两段视频素材

步骤 02 在剪映 App 中导入拍摄好的两段视频素材，并添加合适的背景音乐。❶ 拖曳时间轴至人物抬头准备低下来的位置；❷ 选择第一段视频轨道；❸ 点击下方工具栏中的“分割”按钮，如图 9–30 所示。

步骤 03 删除第一段视频后面多余的部分，❶ 选择第二段视频轨道；❷ 拖曳时间轴至人物抬头准备低下来的位置；❸ 点击“分割”按钮，如图 9–31 所示。

图 9–30 点击“分割”按钮（1）

图 9–31 点击“分割”按钮（2）

步骤 04 删除第二段视频前面多余的部分。点击按钮，❶ 在“基础转场”选项卡中选择“色彩溶解Ⅱ”转场效果；❷ 拖曳滑块，调整转场时长，如图 9–32 所示。

步骤 05 点击按钮添加转场效果。点击“特效”按钮，在“动感”选项卡中选择“闪白”特效，如图 9–33 所示。

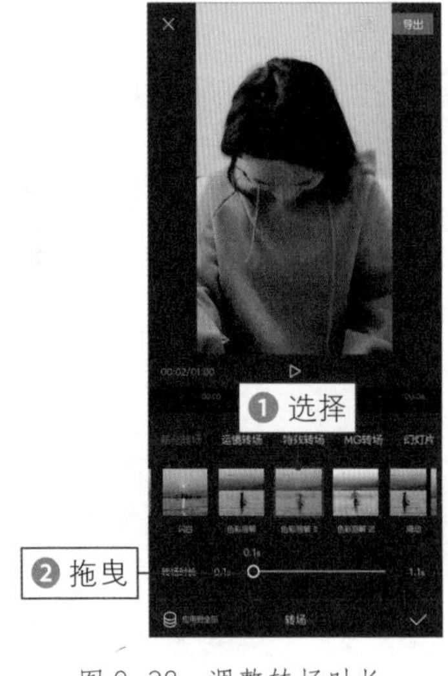

图 9–32 调整转场时长

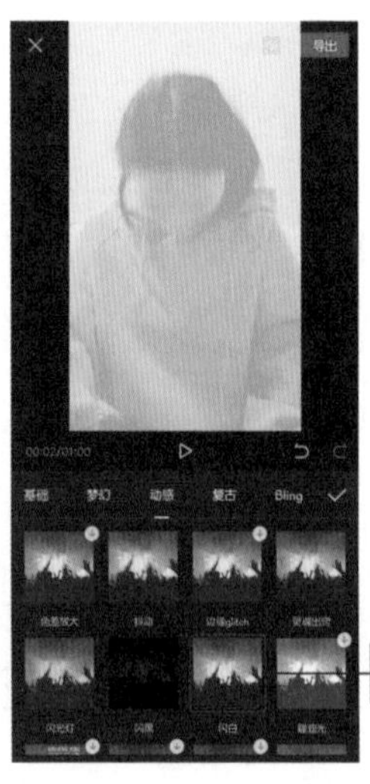

图 9–33 选择“闪白”特效

步骤 06 点击✓按钮添加特效，拖曳特效轨道右侧的白色拉杆，调整特效的持续时长，使其与视频轨道末尾对齐，如图 9–34 所示。

步骤 07 点击«按钮返回，调整音频轨道的长度，使其与视频轨道时长保持一致，如图 9–35 所示。

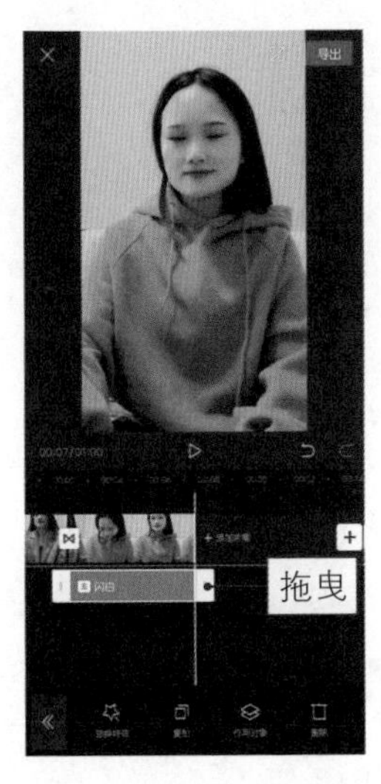

图 9–34　调整特效的持续时长

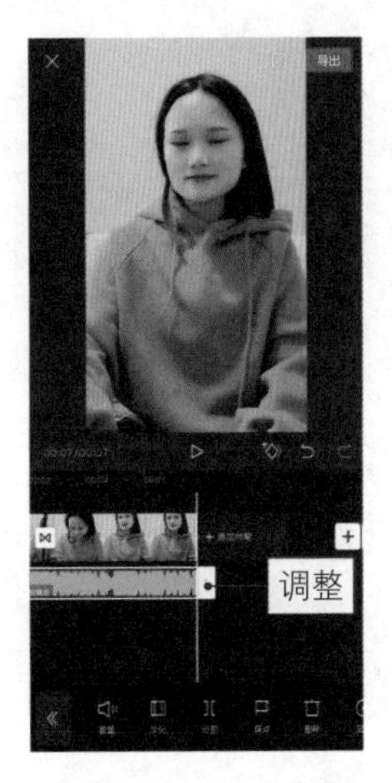

图 9–35　调整音频轨道的长度

步骤 08 点击右上角的"导出"按钮，导出并预览视频，效果如图 9–36 所示。可以看到人物抬头后正要低头时，两个画面融合在一起完成变装，画面闪白。

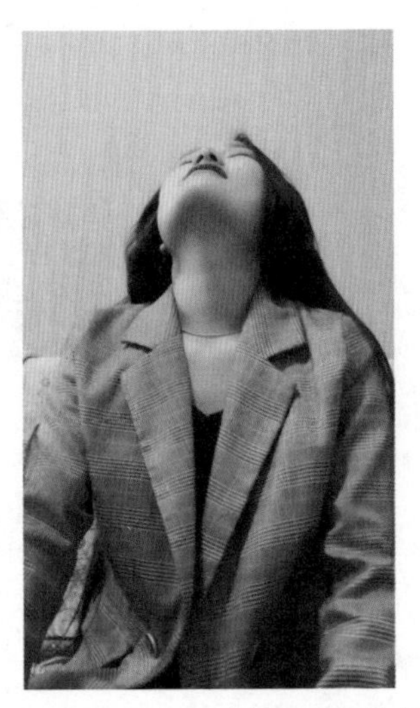

图 9–36　导出并预览视频效果

扫码看教程

扫码看视频效果

第 10 章

《遇见另一个自己》分身案例：5 个技巧让你遇见自己

❶ 镜头方式：使用三脚架固定手机，采用固定镜头拍摄两段短视频。

❷ 拍摄技巧：注意拍摄两段视频时人物在画面中不要重合，人物与人物之间要保持一定的距离。

❸ 后期技术：剪映 App 的“线性”蒙版功能。

扫码看教程

扫码看视频效果

固定手机拍摄：人物从两边走进画面

在制作《遇见另一个自己》短视频时，需要拍摄两段人物坐在凳子上的视频。

步骤 01 首先拍摄第一段视频素材，用三脚架固定手机不动，拍摄人物从左边走进画面并坐在凳子左边的镜头，如图 10-1 所示。

图 10-1 拍摄第一段视频素材

步骤 02 接着拍摄第二段视频素材，保持手机位置固定不变，拍摄人物从右边走进画面并坐在凳子另一边的镜头，如图 10-2 所示。

图 10-2 拍摄第二段视频素材

TIPS 075 线性蒙版功能：合成人物的两个画面

拍摄好视频后，便可以对其进行剪辑。下面介绍使用剪映 App 的“线性”蒙版功能合成两个自己的操作方法。

步骤 01 在剪映 App 中导入第一段视频素材，❶ 选择视频轨道；❷ 将时间轴拖曳至人物还未出现的位置；❸ 点击下方工具栏中的“定格”按钮，如图 10–3 所示。

步骤 02 将“定格”生成的图片拖曳至视频轨道的末尾，点击两段视频中间的按钮，如图 10–4 所示。

步骤 03 进入“转场”界面后，❶ 在“基础转场”选项卡中选择“叠化”转场效果；❷ 向右拖曳“转场时长”选项的白色圆环滑块，将时长拉至最大，调整转场时长，如图 10–5 所示。

图 10–3 点击“定格”按钮

图 10–4 点击相应图标按钮

步骤 04 点击按钮返回，❶ 拖曳时间轴至人物即将坐下的位置；❷ 依次点击“画中画”按钮和“新增画中画”按钮，如图 10–6 所示。

图 10–5 调整转场时长

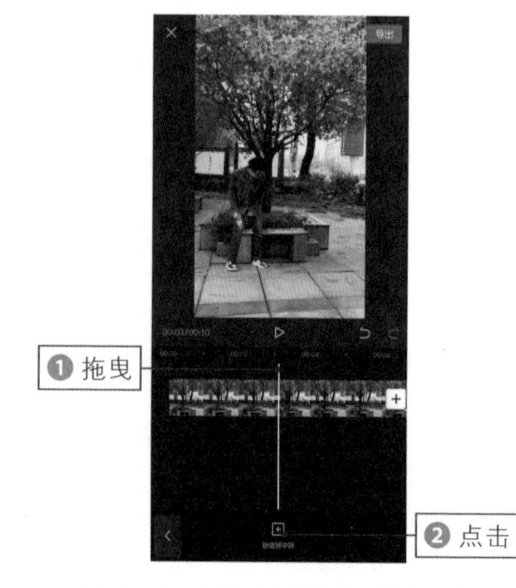

图 10–6 点击“新增画中画”按钮

步骤 05 导入第二段视频素材，❶ 在预览区域调整视频画面，使其铺满屏幕；❷ 点击“蒙版”按钮，如图 10-7 所示。

步骤 06 执行操作后，进入“蒙版”界面，选择“线性”蒙版，如图 10-8 所示。

图 10-7　点击“蒙版”按钮

图 10-8　选择“线性”蒙版

步骤 07 ❶ 在预览区域调整蒙版，使其处于两个人物的中间位置；❷ 拖曳《按钮，适当调整羽化值，如图 10-9 所示。

步骤 08 点击✓按钮添加蒙版，❶ 选择定格的视频轨道；❷ 拖曳其右侧的白色拉杆，调整定格画面的持续时长，如图 10-10 所示。

图 10-9　调整羽化值

图 10-10　调整定格画面的持续时长

TIPS● 076

潘多拉滤镜：调出伤感短视频的色调

接下来对视频进行调色，因为视频内容是伤感的，所以可以选择一个偏暗色调的滤镜。下面介绍使用剪映 App 对视频进行调色的操作方法。

步骤 01 ❶ 拖曳时间轴至视频轨道的起始位置；❷ 点击下方工具栏中的“滤镜”按钮，如图 10-11 所示。

步骤 02 进入“滤镜”界面后，❶ 切换至“清新”选项卡；❷ 选择“潘多拉”滤镜效果，如图 10-12 所示。

步骤 03 点击✓按钮添加滤镜效果，向右拖曳滤镜轨道右侧的白色拉杆，调整滤镜的持续时长，使其与视频时长保持一致，如图 10-13 所示。

步骤 04 点击«按钮返回，❶ 拖曳时间轴至视频轨道的起始位置；❷ 点击下方工具栏中的“新增调节”按钮，如图 10-14 所示。

图 10-11 点击“滤镜”按钮

图 10-12 选择“潘多拉”滤镜效果

图 10-13 调整滤镜的持续时长

图 10-14 点击“新增调节”按钮

步骤 05 进入“调节”编辑界面，❶ 选择“对比度”选项；❷ 向右拖曳白色圆环滑块，将参数调节至 26，如图 10–15 所示。

步骤 06 ❶ 选择“锐化”选项；❷ 向右拖曳白色圆环滑块，将参数调节至 43，如图 10–16 所示。

图 10–15 调节“对比度”参数

图 10–16 调节“锐化”参数

步骤 07 ❶ 选择“色温”选项；❷ 向左拖曳白色圆环滑块，将参数调节至 –33，如图 10–17 所示。

步骤 08 点击✓按钮添加调节效果，向右拖曳调节轨道右侧的白色拉杆，调整调节效果的持续时长，使其与视频时长保持一致，如图 10–18 所示。

图 10–17 调节“色温”参数

图 10–18 调整调节效果的持续时长

添加热门音乐：吸引更多粉丝的目光

在添加背景音乐时，可以使用位于“抖音收藏”中的当下热门歌曲。下面介绍使用剪映 App 添加热门背景音乐的操作方法。

步骤 01 点击«按钮返回，❶ 拖曳时间轴至视频轨道的起始位置；❷ 依次点击“音频”按钮和“抖音收藏”按钮，如图 10-19 所示。

步骤 02 进入“添加音乐”界面后，找到在“抖音收藏”中的热门背景音乐，点击“使用”按钮，如图 10-20 所示。

步骤 03 添加热门背景音乐，❶ 拖曳时间轴至视频轨道的结束位置；❷ 选择音频轨道，如图 10-21 所示。

步骤 04 向左拖曳音频轨道右侧的白色拉杆，调整音频时长，使其与视频时长保持一致，如图 10-22 所示。

图 10-19　点击“抖音收藏”按钮

图 10-20　点击“使用”按钮

图 10-21　选择音频轨道

图 10-22　调整音频时长

TIPS• 078

快速添加字幕：提高制作视频的效率

添加了歌曲后，为了能够更高效地制作字幕，可以使用剪映 App 的识别歌词功能，快速添加字幕。下面介绍具体的操作方法。

步骤 01 点击《按钮返回主界面，❶ 拖曳时间轴至视频轨道的起始位置；❷ 依次点击"文字"按钮和"识别歌词"按钮，如图 10-23 所示。

步骤 02 执行操作后，弹出"识别歌词"对话框，点击"开始识别"按钮，如图 10-24 所示。

步骤 03 自动生成歌词轨道，❶ 选择第 1 段歌词轨道；❷ 点击下方工具栏中的"样式"按钮，如图 10-25 所示。

步骤 04 进入"样式"界面后，❶ 选择"拼音体"字体样式；❷ 选择合适的描边样式，如图 10-26 所示。

图 10-23　点击"识别歌词"按钮

图 10-24　点击"开始识别"按钮

图 10-25　点击"样式"按钮

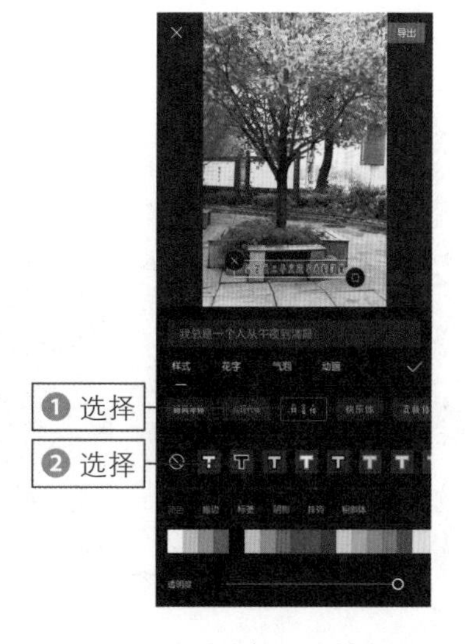

图 10-26　选择描边样式

步骤 05 切换至"动画"选项卡，❶ 在"入场动画"中选择"缩小"动画效果；

❷ 拖曳蓝色的右箭头滑块，适当调整“入场动画”的持续时间，如图 10–27 所示。

步骤 06 ❶ 在“出场动画”中选择“缩小”动画效果；❷ 拖曳红色的左箭头滑块，适当调整“出场动画”的持续时间，如图 10–28 所示。

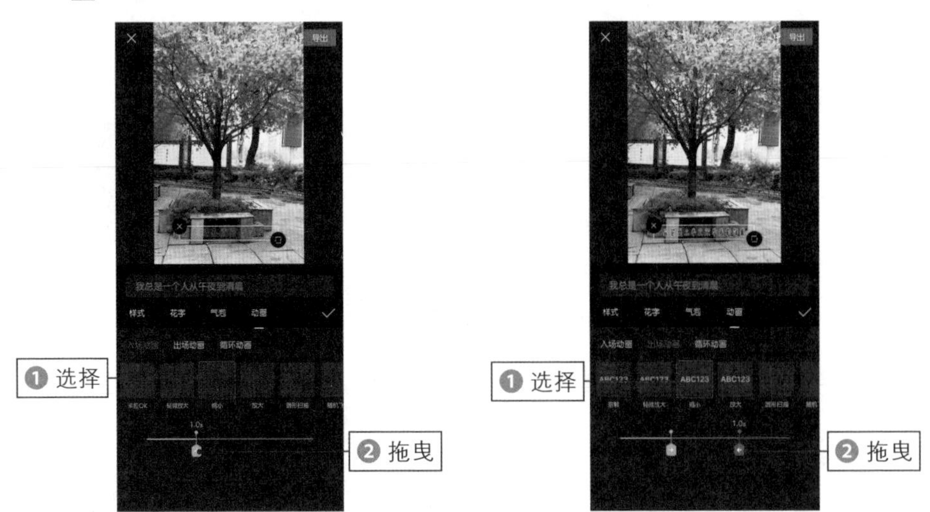

图 10–27 调整“入场动画”的持续时间　　图 10–28 调整“出场动画”的持续时间

步骤 07 点击按钮添加动画效果，采用同样的操作方法为其他字幕添加动画效果。点击“导出”按钮，导出并预览视频，效果如图 10–29 所示。可以看到第一个自己走到左边坐下后，另一个自己也走过去坐下，第一个自己便开始慢慢消失。

图 10–29 导出并预览视频效果

第11章 《朋友圈九宫格》趣味案例：5个技巧制作火爆短视频

❶ 准备素材：在朋友圈发布9张黑色图片，截图保存。

❷ 剪辑技术：使用剪映App中的“滤色”功能把视频与朋友圈截图融合在一起。

❸ 添加音频：使用剪映App中的“提取音乐”功能添加音频。

扫码看教程

扫码看视频效果

更换背景：发布朋友圈并且截图

在制作《朋友圈九宫格》短视频时，首先要准备一张截图，下面介绍如何截图。

步骤 01 在微信朋友圈中选择 9 张黑色图片，并输入文案，点击“发布”按钮，如图 11–1 所示。

步骤 02 发布朋友圈后，点击朋友圈的背景，将其更换成黑色背景，然后截图，如图 11–2 所示。

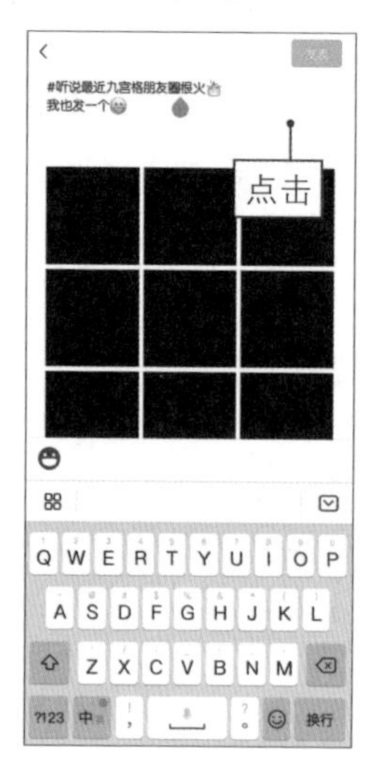

图 11–1 点击“发布”按钮

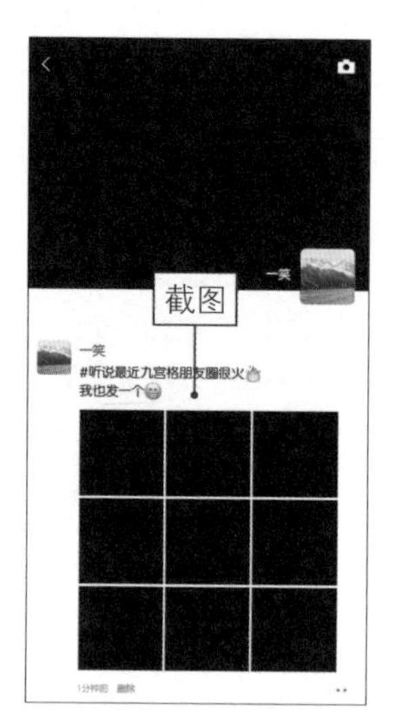

图 11–2 截图

1:1 比例：设置并调整画面大小

因为九宫格是 1:1 的比例，所以在制作视频时也要将视频的画面比例设置为 1:1 的比例。下面介绍使用剪映 App 调整视频画面比例的操作方法。

步骤 01 在剪映 App 中导入一段素材，点击下方工具栏中的“比例”按钮，如图 11–3 所示。

步骤 02 ❶ 在“比例”菜单中选择 1:1 选项；❷ 在预览区域调整素材画

面大小，使其铺满屏幕，如图 11-4 所示。

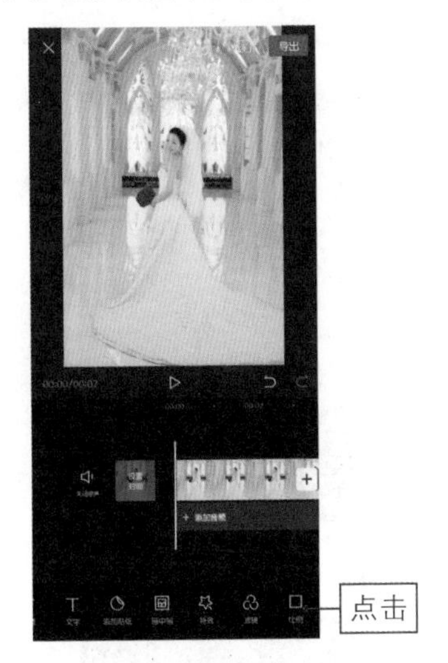

图 11-3 点击“比例”按钮

图 11-4 调整素材画面大小

TIPS 081 模糊特效：增加短视频的唯美感

为了让视频更加完美，还需要对它进行一些特效处理。下面介绍使用剪映 App 为视频添加特效的操作方法。

步骤 01 ❶ 拖曳时间轴至 4 秒的位置；❷ 选择视频轨道；❸ 点击“分割”按钮，如图 11-5 所示。

步骤 02 点击下方工具栏中的“特效”按钮，在“基础”选项卡中选择“模糊”特效，如图 11-6 所示。

步骤 03 点击✓按钮添加特效，❶ 拖曳特效轨道，使其与第一段视频轨道的起始位置对齐；❷ 拖曳特效轨道右侧的白色拉杆，调整特效

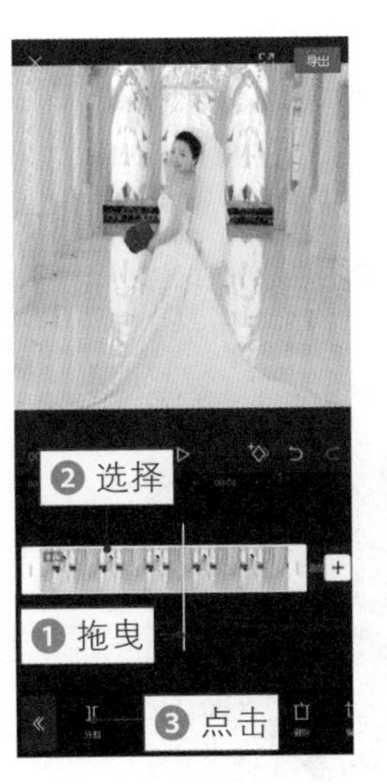

图 11-5 点击“分割”按钮

图 11-6 选择“模糊”特效

的持续时长，使其与第一段视频轨道时长保持一致，如图 11–7 所示。

步骤 04 点击《按钮返回主界面，点击“添加贴纸”按钮，如图 11–8 所示。

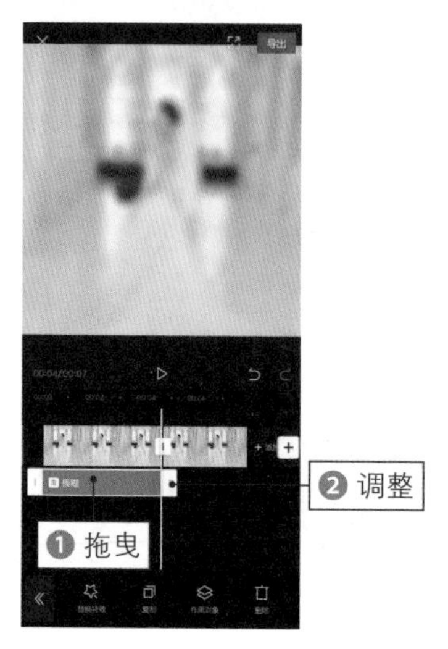

图 11–7 调整特效的持续时长

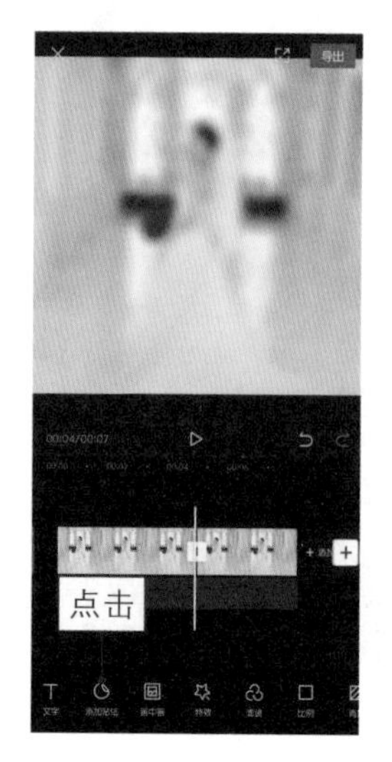

图 11–8 点击“添加贴纸”按钮

步骤 05 进入添加贴纸界面后，❶ 选择合适的贴纸效果；❷ 在预览区域适当调整其位置和大小，如图 11–9 所示。

步骤 06 点击✓按钮添加贴纸效果，❶ 拖曳贴纸轨道，使其与第一段视频轨道的起始位置对齐；❷ 拖曳贴纸轨道右侧的白色拉杆，调整贴纸效果的持续时长，使其与第一段视频轨道时长保持一致，如图 11–10 所示。

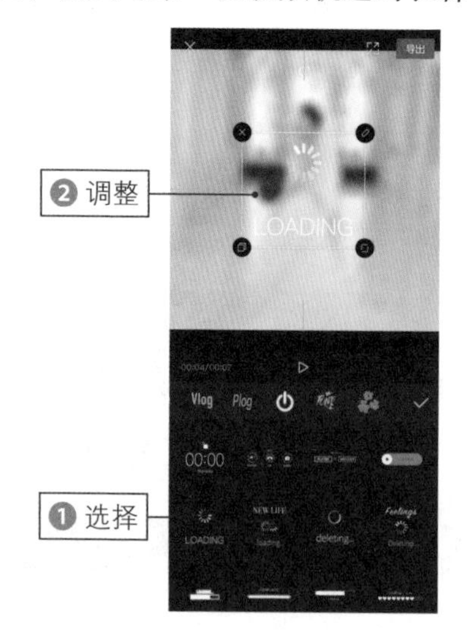

图 11–9 调整贴纸的位置和大小

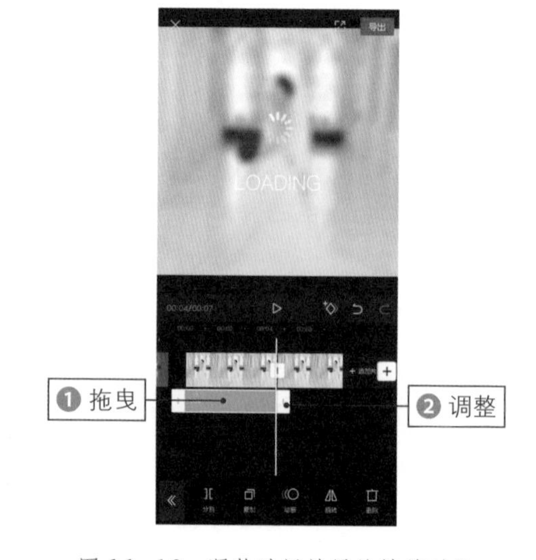

图 11–10 调整贴纸效果的持续时长

步骤 07 点击《按钮返回主界面，依次点击“特效”按钮和“新增特效”按钮，在“梦幻”选项卡中选择“金粉”特效，如图 11–11 所示。

步骤 08 点击✓按钮返回，拖曳特效轨道右侧的白色拉杆，调整特效的持续时长，使其与第二段视频轨道时长保持一致，如图 11–12 所示。

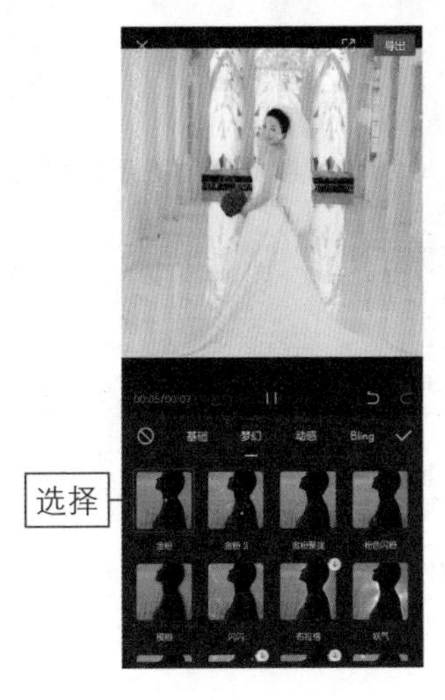

图 11-11 选择“金粉”特效

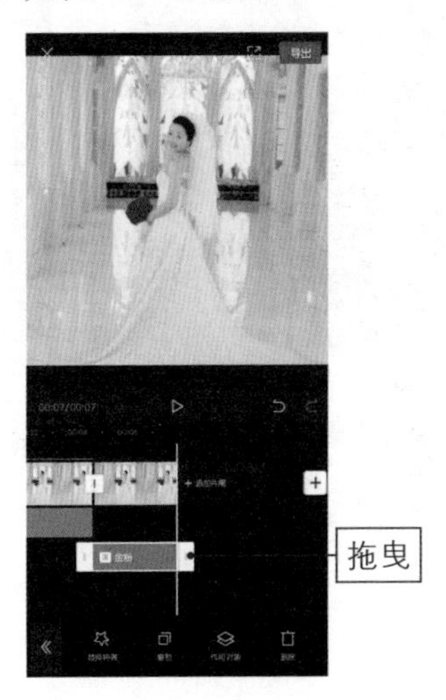

图 11-12 调整特效的持续时长

步骤 09 ❶ 选择第二段视频轨道；❷ 依次点击“动画”按钮和“入场动画”按钮，如图 11–13 所示。

步骤 10 ❶ 选择“向右下甩入”动画效果；❷ 适当向右拖曳白色的圆环滑块，调整“动画时长”选项，如图 11–14 所示。

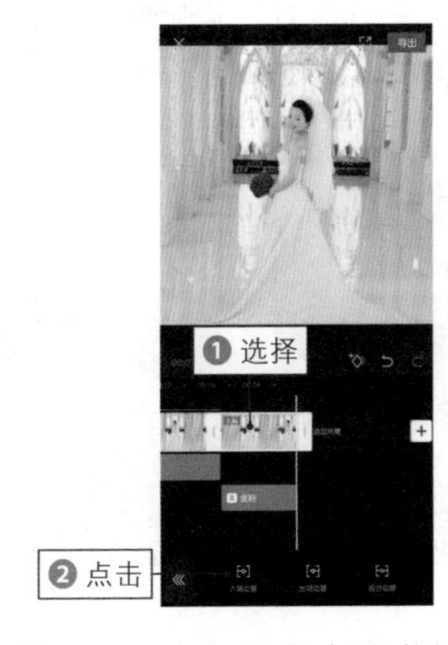

图 11-13 点击“入场动画”按钮

图 11-14 调整“动画时长”选项

步骤 11 点击“导出”按钮，将视频保存至相册，如图 11-15 所示。

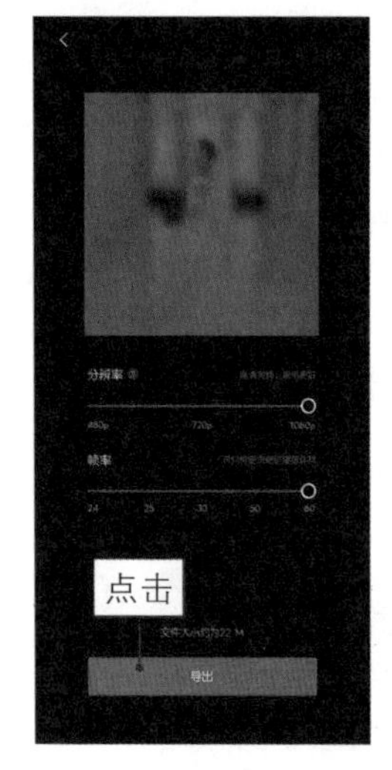

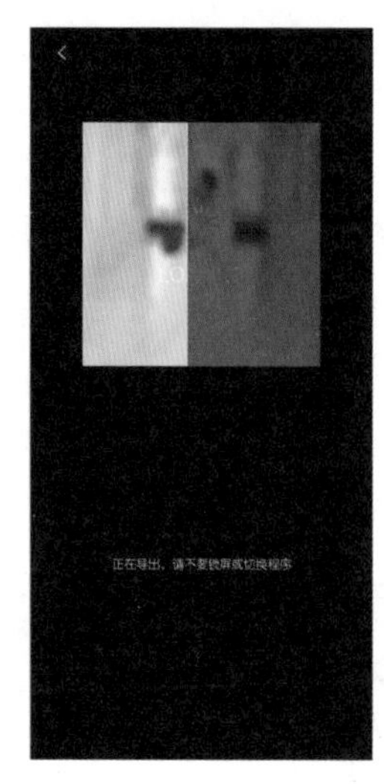

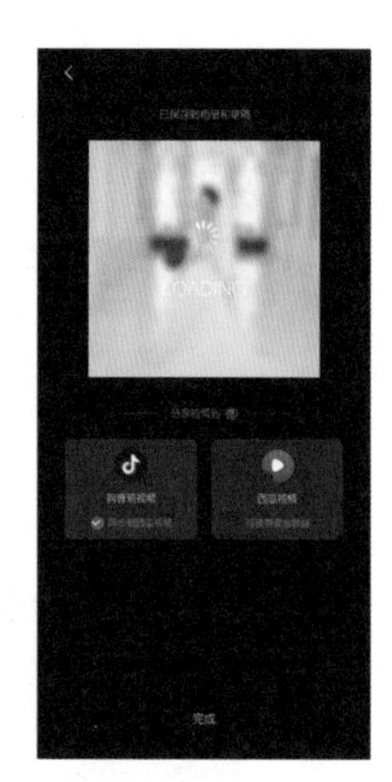

图 11-15 点击“导出”按钮并保存视频

TIPS 082 混合模式：使用滤色来进行抠像

制作好视频后，最重要的一步就是将九宫格和背景图片替换成视频。下面介绍使用剪映 App 中的“滤色”功能制作九宫格视频的操作方法。

步骤 01 在剪映 App 中导入朋友圈截图，依次点击“画中画”按钮和“新增画中画”按钮，如图 11-16 所示。

步骤 02 导入上一节保存好的视频，❶ 在预览区域调整其位置和大小，使其与九宫格位置重合；❷ 点击“混合模式”按钮，如图 11-17 所示。

步骤 03 在“混合模式”菜单中选择“滤色”选项，如图 11-18

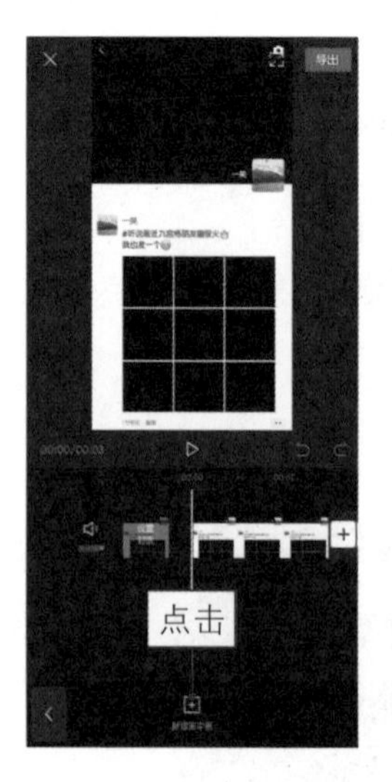

图 11-16 点击“新增画中画”按钮

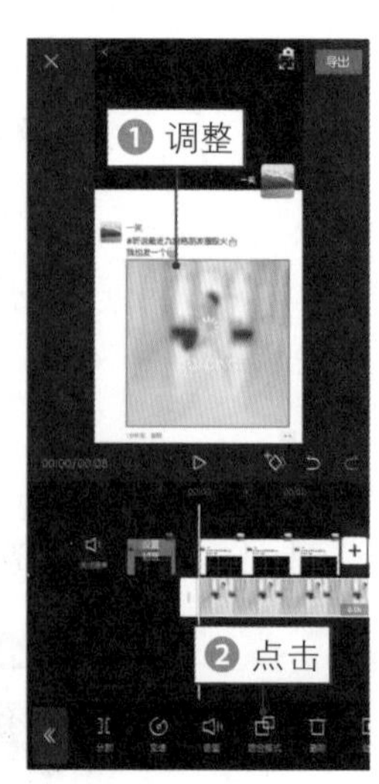

图 11-17 点击“混合模式”按钮

所示。

步骤 04 采用同样的操作方法，替换朋友圈的背景，如图 11-19 所示。

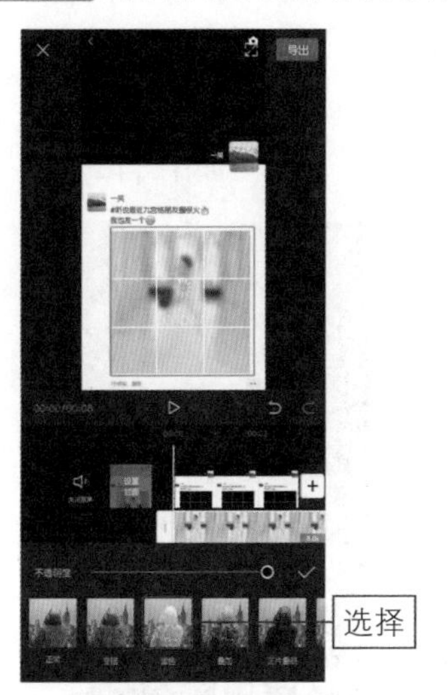

图 11-18　选择“滤色”选项

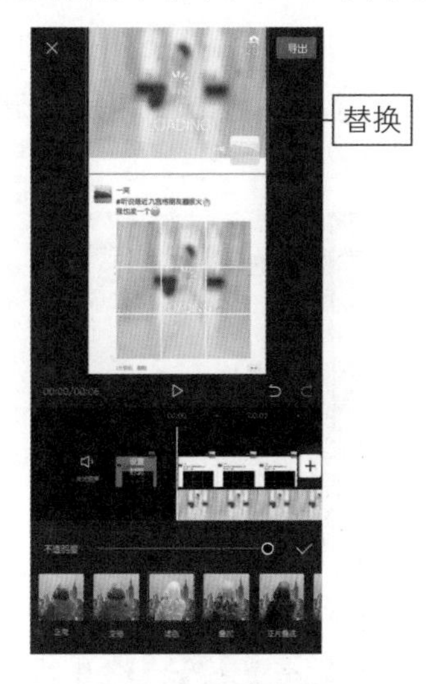

图 11-19　替换朋友圈的背景

步骤 05 点击✓按钮返回，❶ 选择视频轨道；❷ 拖曳视频轨道右侧的白色拉杆，调整视频轨道的持续时长，使其与画中画轨道的结束位置对齐，如图 11-20 所示。

步骤 06 点击«按钮返回，拖曳时间轴至起始位置，点击“新增画中画”按钮，再次导入截图，❶ 调整其画面大小；❷ 点击“蒙版”按钮，如图 11-21 所示。

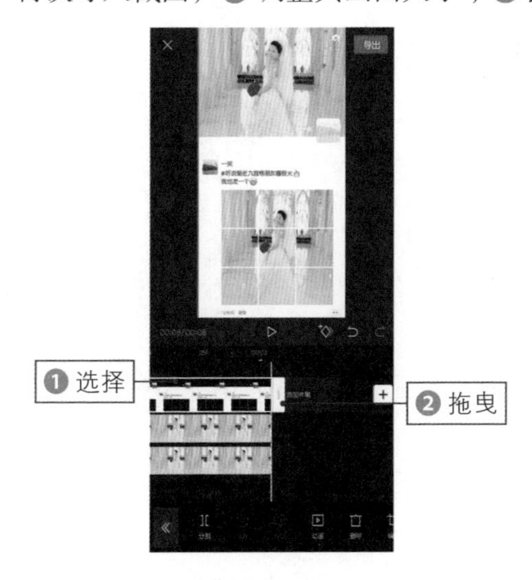

图 11-20　调整视频轨道的持续时长

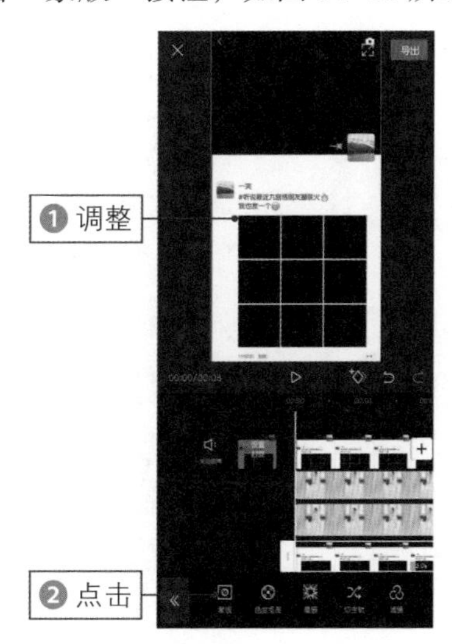

图 11-21　点击“蒙版”按钮

步骤 07 进入“蒙版”编辑界面，❶ 选择“矩形”蒙版；❷ 在预览区域调整蒙版的位置和大小；❸ 拖曳 ︾ 按钮，增大羽化值，让边缘显得更加平滑自然，如图 11-22 所示。

步骤 08 点击✓按钮添加蒙版效果，拖曳画中画轨道右侧的白色拉杆，调整画中画轨道的持续时长，使其与视频轨道的结束位置对齐，如图 11-23 所示。

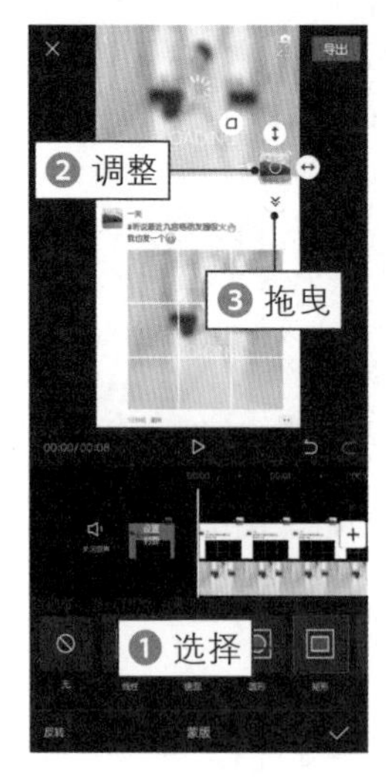

图 11-22　增大羽化值

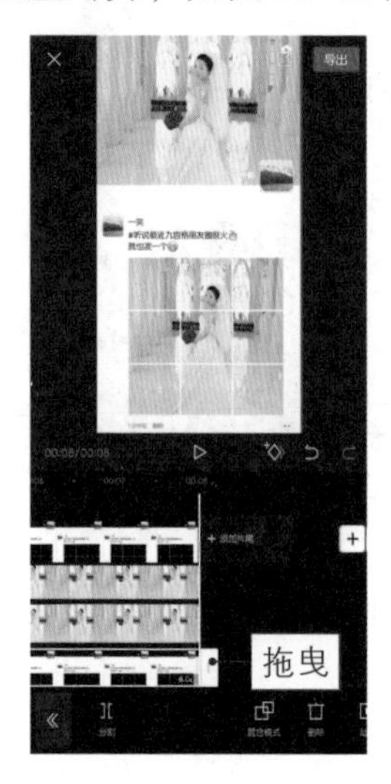

图 11-23　调整画中画轨道的持续时长

提取音乐：仅添加其他视频声音

背景音乐是短视频的点睛之笔。下面介绍使用剪映 App 添加合适背景音乐的操作方法。

步骤 01 ❶ 拖曳时间轴至起始位置；❷ 依次点击工具栏中的“音频”按钮和“提取音乐”按钮，如图 11-24 所示。

步骤 02 导入音频，拖曳时间轴至视频轨道的末尾处，点击“分割”按钮，删除多余的音频素材，如图 11-25 所示。

步骤 03 点击右上角的“导出”按钮，导出并预览视频，效果如图 11-26 所示。可以看到朋友圈发布的九宫格图片和背景都变成了动态的视频。

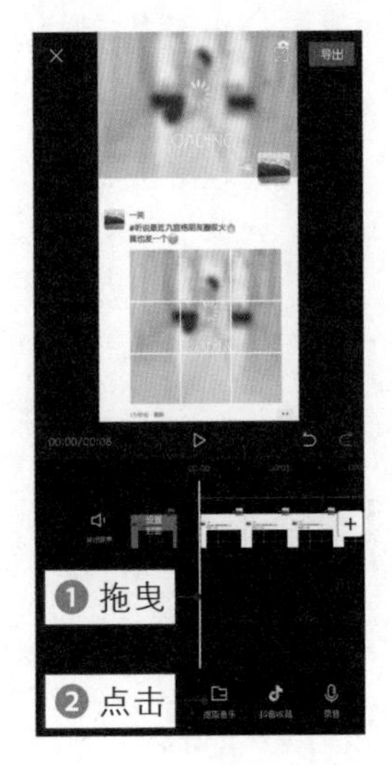

图 11-24 点击“提取音乐”按钮

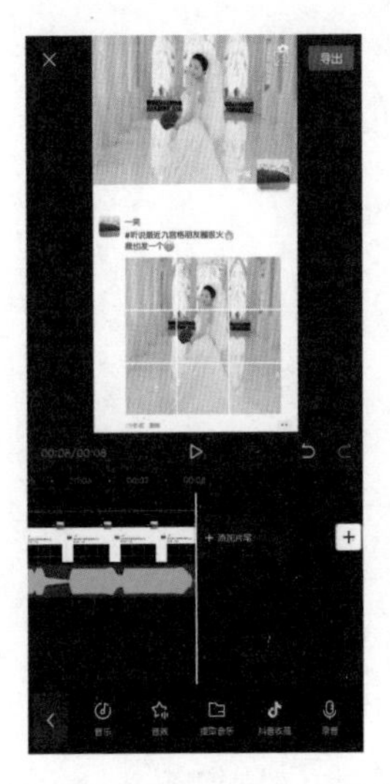

图 11-25 删除多余的音频素材

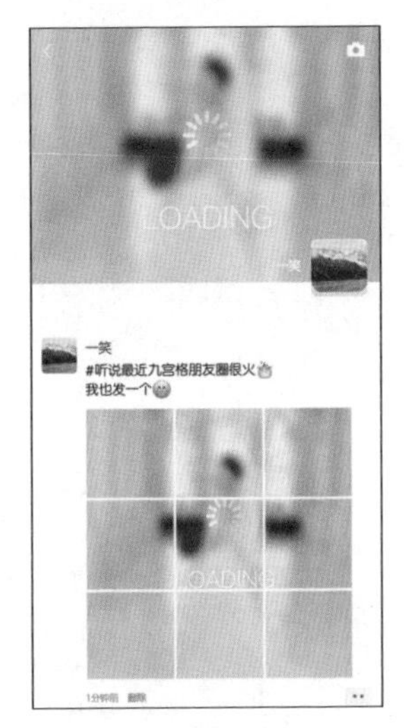

图 11-26 导出并预览视频效果

第12章

《流水成沙》创意案例：5个技巧助你打造神奇短视频

扫码看效果

扫码看教程

❶ 准备道具：准备一个矿泉水瓶和一根木棍。

❷ 后期技巧：注意在剪辑时要点击“反转”按钮，反转蒙版，这样制作出来的效果才是“流水成沙”。

❸ 添加音乐：在剪映 App 中可以直接添加抖音中的热门音乐。

拍摄流水流沙：准备所需要的道具

在制作《流水成沙》短视频时，需要先拍摄两段视频素材。

步骤 01 首先拍摄第一段视频素材，准备一个灌满水的瓶子和一根木棍，固定手机不动，拍摄瓶子倒插在木棍上，水向下流出的视频素材，如图 12-1 所示。

图 12-1　拍摄第一段视频素材

步骤 02 接着拍摄第二段视频素材，保持手机位置固定不变，准备一个灌满沙子的瓶子，拍摄瓶子倒插在木棍上，沙子向下流出的视频素材，如图 12-2 所示。

图 12-2　拍摄第二段视频素材

TIPS• 085

画中画功能：让两个画面同时出现

剪映 App 中的“画中画”功能，能够让两个视频轨道放在同一时间线上，让两个画面在同一时间点出现。下面介绍具体的操作方法。

步骤 01 在剪映 App 中导入第一段视频素材，❶ 选择视频轨道；❷ 拖曳时间轴至水流出的位置；❸ 点击“分割”按钮，如图 12–3 所示。

步骤 02 删除前面多余的部分，❶ 选择视频轨道；❷ 拖曳时间轴至水流完的位置；❸ 点击“分割”按钮，如图 12–4 所示。

步骤 03 删除后面多余的部分，❶ 拖曳时间轴至视频的起始位置；❷ 依次点击“画中画”按钮和“新增画中画”按钮，如图 12–5 所示。

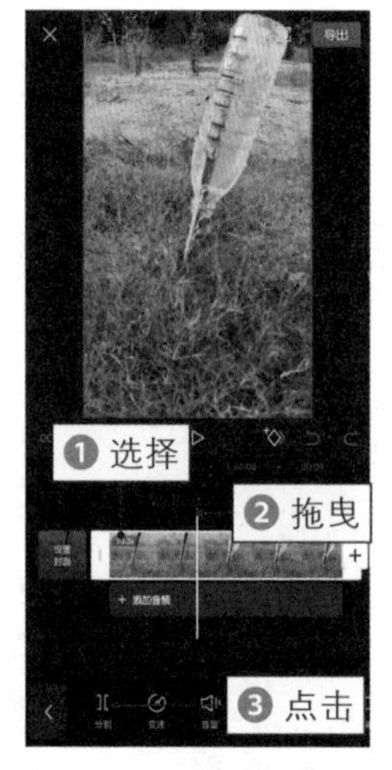

图 12–3 点击“分割”按钮（1）

图 12–4 点击“分割”按钮（2）

步骤 04 导入第二段视频素材，在预览区域调整其画面大小，使其铺满屏幕，如图 12–6 所示。

图 12–5 点击“新增画中画”按钮

图 12–6 调整画面大小

步骤 05 ❶ 拖曳时间轴至沙子流出的位置；❷ 点击“分割”按钮，如图 12-7 所示。

步骤 06 删除前面多余的部分，拖曳画中画轨道至起始位置，❶ 选择画中画轨道；❷ 拖曳时间轴至沙子流完的位置；❸ 点击“分割”按钮，如图 12-8 所示。

图 12-7 点击“分割”按钮

图 12-8 点击“分割”按钮

步骤 07 删除后面多余的部分，❶ 选择画中画轨道；❷ 依次点击“变速”按钮和“常规变速”按钮，如图 12-9 所示。

步骤 08 进入“变速”界面后，拖曳红色圆环滑块，将其播放速度设置为 0.3×，如图 12-10 所示。

图 12-9 点击“常规变速”按钮

图 12-10 设置播放速度

步骤 09 选择视频轨道，采用同样的操作方法，将其播放速度也设置为 0.3×，❶ 选择画中画轨道；❷ 拖曳时间轴至视频轨道的结束位置；❸ 点击“分割”按钮，如图 12-11 所示。

步骤 10 执行操作后，删除后面多余的视频轨道，如图 12-12 所示。

图 12-11　点击“分割”按钮

图 12-12　删除多余的视频轨道

TIPS 086 京都滤镜效果：让视频色调更高级

为了让视频看起来更加高级，可以为其添加滤镜效果并适当进行调节。下面介绍具体的操作方法。

步骤 01 拖曳时间轴至视频的起始位置，❶ 选择画中画轨道；❷ 点击下方工具栏中的“滤镜”按钮，如图 12-13 所示。

步骤 02 进入“滤镜”界面后，❶ 在“风景”选项卡中选择“京都”滤镜效果；❷ 点击“应用到全部”按钮，如图 12-14 所示。

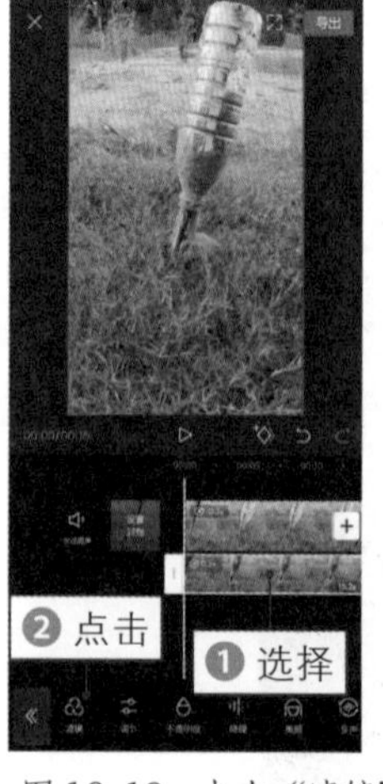

图 12-13　点击“滤镜”按钮

图 12-14　点击“应用到全部”按钮

步骤 03 点击✓按钮添加滤镜效果，点击下方工具栏中的“调节”按钮，如图 12–15 所示。

步骤 04 进入“调节”界面后，❶ 选择“饱和度”选项；❷ 向右拖曳白色圆环滑块，将参数调节至 27，如图 12–16 所示。

图 12–15 点击“调节”按钮

图 12–16 调节“饱和度”参数

步骤 05 ❶ 选择“色温”选项；❷ 向左拖曳白色圆环滑块，将参数调节至 –19，如图 12–17 所示。

步骤 06 ❶ 选择“色调”选项，向左拖曳白色圆环滑块，将参数调节至 –34；❷ 点击“应用到全部”按钮，如图 12–18 所示。

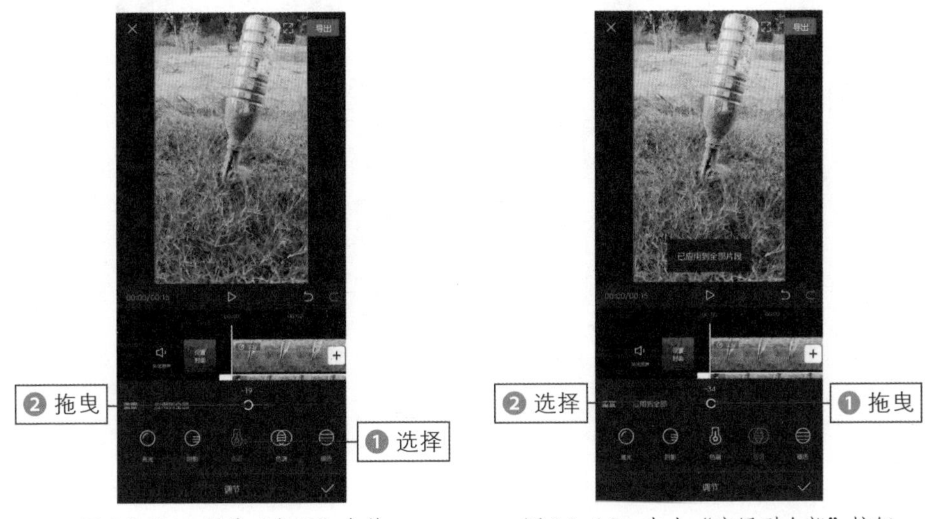

图 12–17 调节“色温”参数

图 12–18 点击“应用到全部”按钮

TIPS 087 反转蒙版功能：反转视频画面效果

剪映 App 不仅能添加蒙版，也能反转蒙版，可以让原本被蒙版遮住的地方显示出来，遮住原本显示出来的画面。下面介绍具体的操作方法。

步骤 01 接上一节中的操作步骤，点击✓按钮添加调节效果，点击下方工具栏中的"蒙版"按钮，如图 12-19 所示。

步骤 02 进入"蒙版"界面后，选择"线性"蒙版，如图 12-20 所示。

步骤 03 ❶ 在预览区域调整蒙版的位置，使其处于瓶口处；❷ 拖曳按钮，调整羽化值；❸ 点击"反转"按钮，如图 12-21 所示。

步骤 04 点击✓按钮返回，即可反转蒙版，如图 12-22 所示。

图 12-19 点击"蒙版"按钮

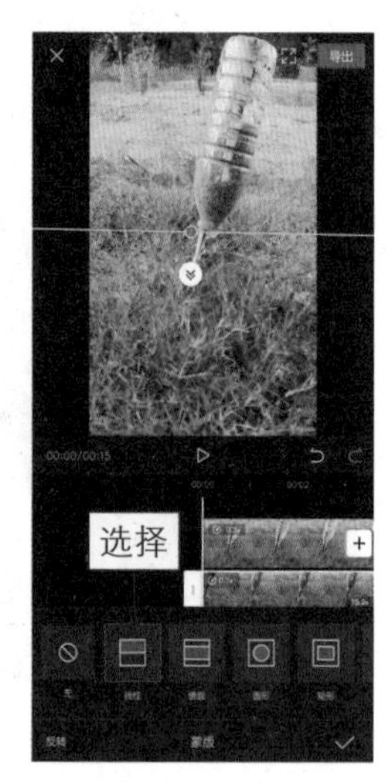

图 12-20 选择"线性"蒙版

图 12-21 点击"反转"按钮

图 12-22 反转蒙版

添加抖音音乐：让短视频快速爆火

在剪映 App 中可以直接添加抖音中的热门音乐。下面介绍在剪映 App 中添加抖音音乐的具体操作方法。

步骤 01 点击《按钮返回，点击“关闭原声”按钮，如图 12–23 所示。

步骤 02 依次点击“音频”按钮和“音乐”按钮，如图 12–24 所示。

步骤 03 进入“添加音乐”界面，选择“抖音”选项，如图 12–25 所示。

步骤 04 找到想要添加的抖音音乐，点击“使用”按钮，如图 12–26 所示。

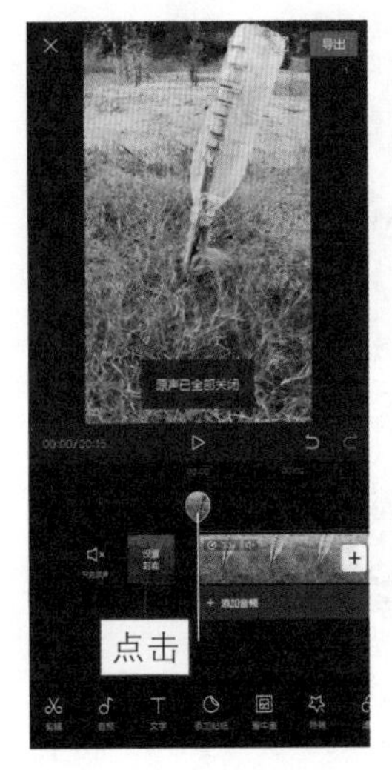

图 12–23　点击“关闭原声”按钮

图 12–24　点击“音乐”按钮

图 12–25　选择“抖音”选项

图 12–26　点击“使用”按钮

步骤 05 添加背景音乐，❶ 拖曳时间轴至视频的结束位置；❷ 选择音频轨道；❸ 点击"分割"按钮，如图 12-27 所示。

步骤 06 ❶ 选择多余的音频轨道；❷ 点击"删除"按钮，如图 12-28 所示。

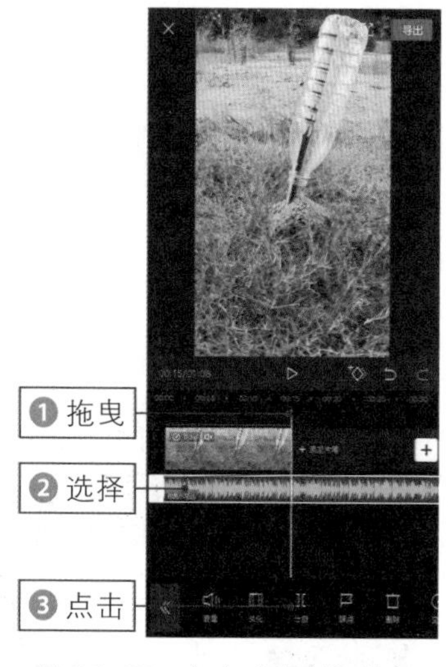

图 12-27　点击"分割"按钮

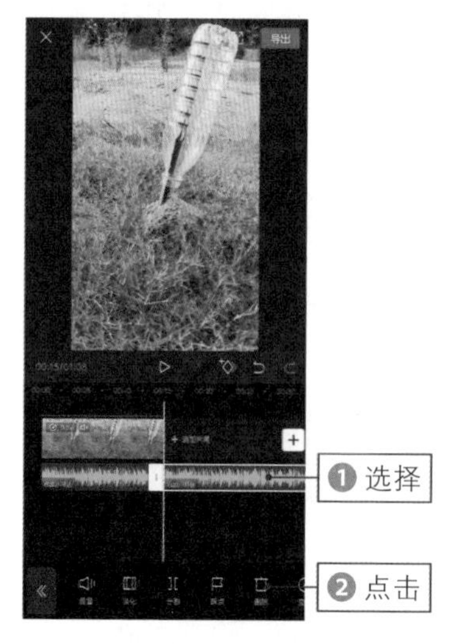

图 12-28　点击"删除"按钮

步骤 07 点击右上角的"导出"按钮，导出并预览视频，效果如图 12-29 所示。可以看到水瓶插在木棍上，流出来的不是水而是沙子，看上去非常神奇有趣。

图 12-29　导出并预览视频效果

第 13 章

《小清新》文艺案例：5 个技巧教你制作伤感的短视频

❶ 拍摄技巧：拍摄多段文艺短视频。

❷ 剪辑技术：先添加“风景”选项卡中的“仲夏”滤镜效果，再通过“调节”功能来增强文艺感。

❸ 文字动画：在剪映 App 中为文字添加向右滑动的动画效果。

扫码看教程

扫码看视频效果

拍摄文艺视频：让画面贴合背景音乐

《小清新》是一个比较文艺伤感的短视频，可以首先拍摄几个文艺的视频画面，下面介绍拍摄文艺短视频的操作方法。

步骤 01 首先拍摄两段耳机的视频素材，第 1 段拍摄耳机在空中晃动的视频画面，第 2 段拍摄耳机掉落在草地上的视频画面，如图 13-1 所示。

图 13-1 拍摄两段耳机的视频素材

步骤 02 接着第 3 段拍摄书本放在草地上被风吹动的视频画面，第 4 段拍摄树叶飘落的视频画面，如图 13-2 所示。

图 13-2 拍摄书本被风吹动（左）和树叶飘落（右）的视频素材

叠化转场效果：实现画面之间的转换

拍摄好文艺视频素材后，为了让视频与背景音乐更加贴切，可以将视频的播放速度放慢，并为其添加“叠化”转场效果。下面介绍使用剪映 App 为视频添加“叠化”转场效果的具体操作方法。

步骤 01 在剪映 App 中导入 4 段视频素材，将每段视频素材裁剪到 2 秒左右，点击“关闭原声”按钮，如图 13-3 所示。

步骤 02 ❶ 选择第 1 段视频轨道；❷ 依次点击下方工具栏中的“变速”按钮和“常规变速”按钮，如图 13-4 所示。

图 13-3　点击“关闭原声”按钮

图 13-4　点击“常规变速”按钮

步骤 03 进入“变速”界面后，拖曳红色圆环滑块，将其播放速度设置为 0.5×，如图 13-5 所示。

步骤 04 点击✓按钮返回，❶ 选择第 2 段视频轨道；❷ 点击“常规变速”按钮，如图 13-6 所示。

图 13-5　设置播放速度

图 13-6　点击“常规变速”按钮

步骤 05 采用同样的操作方法，将后面3段视频素材的播放速度都设置为0.5×，点击第1个 I 图标，如图13-7所示。

步骤 06 进入“转场”界面后，在“基础转场”选项卡中选择“叠化”转场效果，如图13-8所示。

图13-7 点击相应的图标按钮

图13-8 选择“叠化”转场效果

步骤 07 拖曳“转场时长”选项的白色圆环滑块，调整转场时长，如图13-9所示。

步骤 08 点击左下角的“应用到全部”按钮，为其他视频素材之间也添加叠化转场效果，如图13-10所示。

图13-9 调整转场时长

图13-10 为其他素材添加转场效果

TIPS● 091

风景仲夏滤镜：文艺短片的专属滤镜

用手机拍摄的视频可能无法达到所想要表达的文艺色调，在剪映 App 中可以为视频添加“滤镜”和“调节”效果。下面介绍使用剪映 App 为视频添加文艺滤镜效果的具体操作方法。

步骤 01 拖曳时间轴至视频的起始位置，点击下方工具栏中的“滤镜”按钮，如图 13-11 所示。

步骤 02 进入“滤镜”界面后，在“风景”选项卡中选择“仲夏”滤镜效果，如图 13-12 所示。

步骤 03 点击✓按钮添加滤镜效果，点击“新增调节”按钮，如图 13-13 所示。

步骤 04 进入“调节”界面后，❶选择“饱和度”选项；❷向左拖曳白色圆环滑块，将参数调节至 -10，如图 13-14 所示。

图 13-11 点击“滤镜”按钮

图 13-12 选择“仲夏”滤镜效果

图 13-13 点击“新增调节”按钮

图 13-14 调节“饱和度”参数

步骤 05 ❶ 选择“锐化”选项；❷ 向右拖曳白色圆环滑块，将参数调节至 26，如图 13-15 所示。

步骤 06 ❶ 选择“色温”选项；❷ 向左拖曳白色圆环滑块，将参数调节至 -18，如图 13-16 所示。

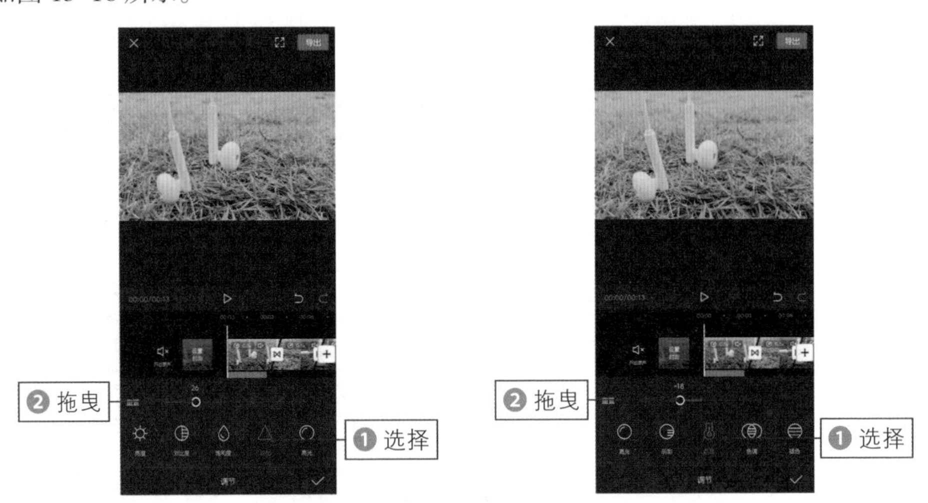

图 13-15 调节“锐化”参数　　图 13-16 调节“色温”参数

步骤 07 ❶ 选择“色调”选项；❷ 向左拖曳白色圆环滑块，将参数调节至 -19，如图 13-17 所示。

步骤 08 点击✓按钮添加调节效果，拖曳调节轨道和滤镜轨道右侧的白色拉杆，调整两个效果的持续时长，如图 13-18 所示。

图 13-17 调节“色调”参数

图 13-18 调整效果的持续时长

TIPS• 092 搜索添加音乐：通过歌曲名称或歌手

为了更快、更准确地添加喜欢的背景音乐，可以使用搜索栏直接找到想要添加的背景音乐。下面介绍使用剪映 App 准确找到并添加背景音乐的具体操作方法。

步骤 01 点击《按钮返回，拖曳时间轴至视频的起始位置，依次点击“音频”按钮和“音乐”按钮，如图 13-19 所示。

步骤 02 进入“添加音乐”界面后，在搜索栏中输入相应的歌曲名称，如图 13-20 所示。

步骤 03 下方将会显示搜索结果，找到想要添加的背景音乐，点击“使用”按钮，如图 13-21 所示。

步骤 04 添加背景音乐后，❶ 拖曳时间轴至视频轨道的结束位置；❷ 选择音频轨道；❸ 点击“分割”按钮，如图 13-22 所示。

图 13-19　点击“音乐”按钮

图 13-20　输入要搜索的歌曲名称

图 13-21　点击“使用”按钮

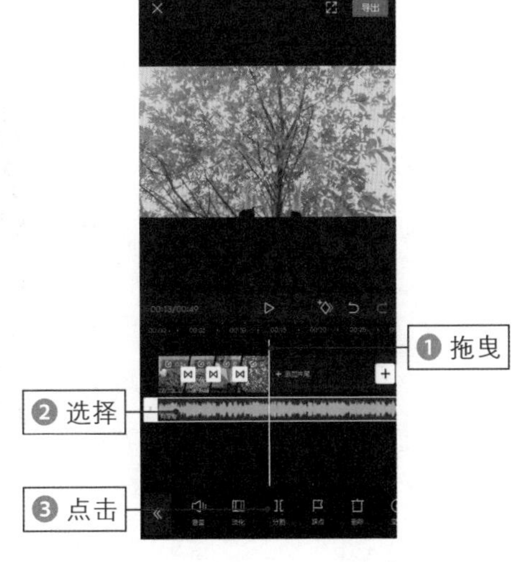

图 13-22　点击“分割”按钮

步骤 05 ❶ 选择多余的音频轨道；❷ 点击“删除”按钮，如图 13-23 所示。

步骤 06 执行操作，即可删除多余的音频素材，如图 13-24 所示。

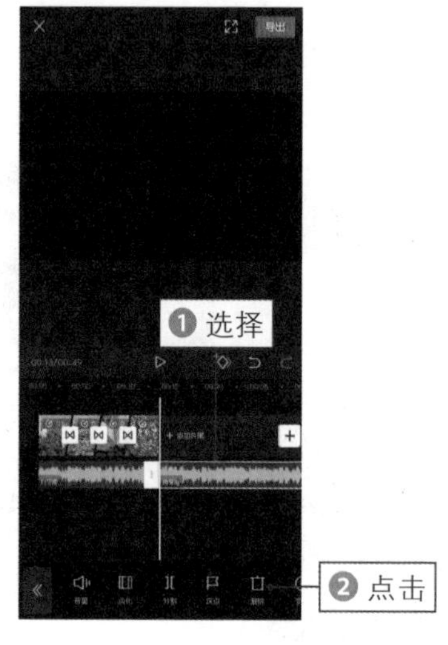

图 13-23 点击“删除”按钮

图 13-24 删除多余的音频素材

TIPS 093 向右滑动动画：文字从左边向右边滑

为了让字幕更加具有动感，可以为其添加一些文字动画效果。下面介绍使用剪映 App 为文字添加“向右滑动”效果的操作方法。

步骤 01 点击 < 按钮返回，点击“比例”按钮，在“比例”菜单中选择 9∶16 选项，如图 13-25 所示。

步骤 02 依次点击“背景”按钮和“画布模糊”按钮，❶ 在“画布模糊”界面中选择第 2 个模糊效果；❷ 点击“应用到全部”按钮，如图 13-26 所示。

图 13-25 选择 9∶16 选项

图 13-26 点击“应用到全部”按钮

步骤 03 点击✓按钮添加背景模糊效果，拖曳时间轴至视频的起始位置，依次点击“文字”按钮和“识别歌词”按钮，如图 13–27 所示。

步骤 04 执行操作后，弹出“识别歌词”对话框，点击“开始识别”按钮，如图 13–28 所示。

图 13–27　点击“识别歌词”按钮

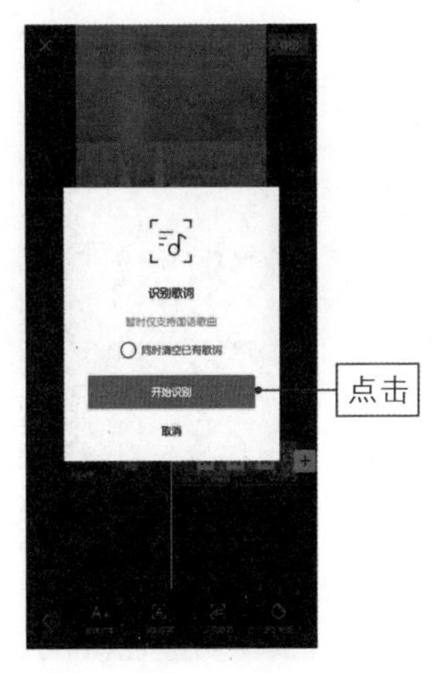

图 13–28　点击“开始识别”按钮

步骤 05 执行操作后，自动添加歌词字幕，❶ 选择第 1 个歌词轨道；❷ 在预览区域调整文字的位置和大小，如图 13–29 所示。

步骤 06 点击文本框右上角的✎按钮，进入“样式”界面，选择“宋体”字体样式，如图 13–30 所示。

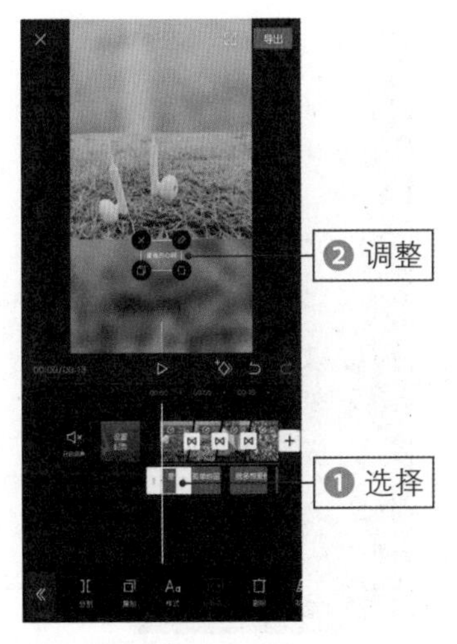

图 13–29　调整文字的位置和大小

图 13–30　选择“宋体”字体样式

步骤 07 切换至“气泡”选项卡，选择合适的气泡文字模板，如图 13-31 所示。

步骤 08 切换至“动画”选项卡，❶ 在“入场动画”中选择“向右滑动”动画效果；❷ 拖曳蓝色的右箭头滑块，适当调整“入场动画”的持续时间，如图 13-32 所示。

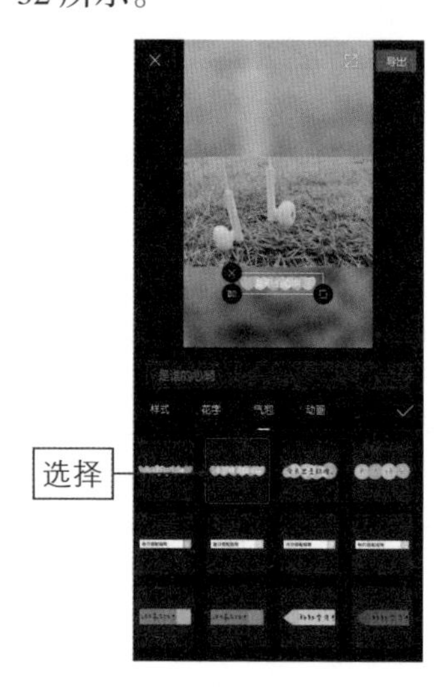

图 13-31　选择合适的气泡模板

图 13-32　调整“入场动画”的持续时长

步骤 09 ❶ 在“出场动画”中选择“日落”动画效果；❷ 拖曳红色的左箭头滑块，适当调整“出场动画”的持续时间，如图 13-33 所示。

步骤 10 点击按钮返回，采用同样的操作方法，为其他字幕添加动画效果，如图 13-34 所示。

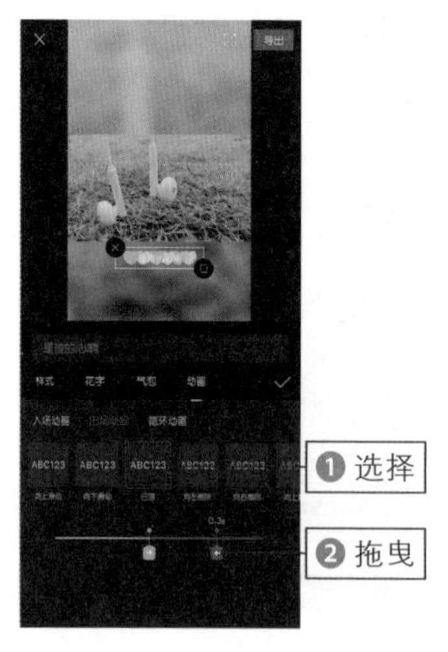

图 13-33　调整“出场动画”的持续时长

图 13-34　为其他字幕添加动画效果

步骤 11 点击右上角的“导出”按钮，导出并预览视频效果，如图 13-35 所示。可以看到画面充满了伤感且小清新的文艺气氛。

图 13-35　导出并预览视频效果

第 14 章

《无间道》电影案例：5 个技巧制作炫酷的大片短视频

❶ 素材准备：准备多段城市航拍素材。

❷ 调色技巧：在剪映 App 的滤镜中选择“复古”选项卡中的“港风”滤镜效果，增强电影感。

❸ 转场技巧：部分地方需要模仿电影中的转场效果。

扫码看教程

扫码看视频效果

TIPS• 094

蒙太奇变速：视频速度先快后慢

蒙太奇变速是剪映 App 中的一种变速模式，视频的播放速度先加速，然后放慢。下面介绍使用剪映 App 为短视频添加“蒙太奇”变速的操作方法。

步骤 01 在剪映 App 中导入 9 段视频素材，并添加相应的背景音乐，点击“关闭原声”按钮，如图 14–1 所示。

步骤 02 ❶ 选择第 4 个视频轨道；❷ 依次点击“变速”按钮和“曲线变速”按钮，如图 14–2 所示。

步骤 03 进入“曲线变速”界面后，选择“蒙太奇”变速，如图 14–3 所示。

步骤 04 点击☑按钮返回，❶ 拖曳时间轴至 2 秒位置；❷ 选择第 1 段视频轨道；❸ 点击“分割”按钮，如图 14–4 所示。

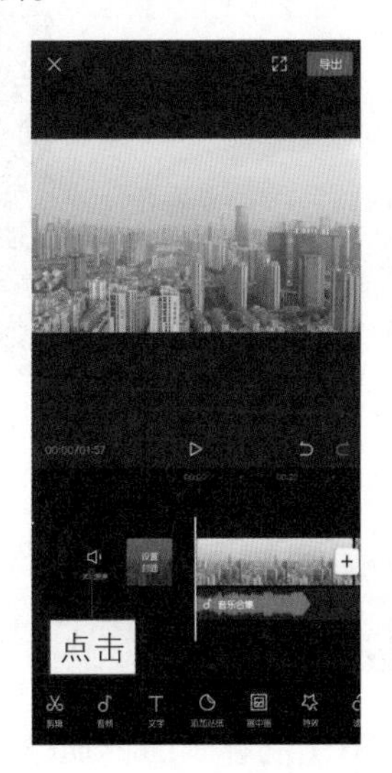

图 14–1 点击“关闭原声”按钮

图 14–2 点击“曲线变速”按钮

图 14–3 选择“蒙太奇”变速

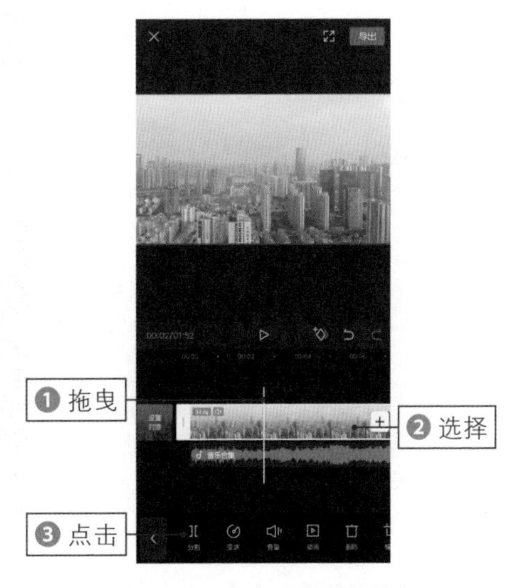

图 14–4 点击“分割”按钮

步骤 05 删除第 1 段视频轨道后面多余的部分。采用同样的操作方法删除后面 8 段素材多余的部分，第 2 个视频在第 4 秒分割，第 3 个视频在第 6 秒分割，第 4 个视频在第 9 秒分割，第 5 个视频在第 11 秒分割，第 6 个视频在第 14 秒分割，第 7 个视频在第 18 秒分割，第 8 个视频在第 20 秒分割，第 9 个视频在音频的结束位置分割，删除每段视频后面多余的部分，并调整视频时长，如图 14–5 所示。

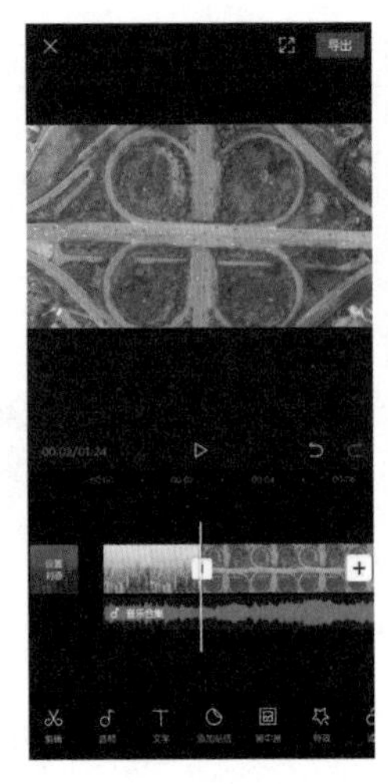

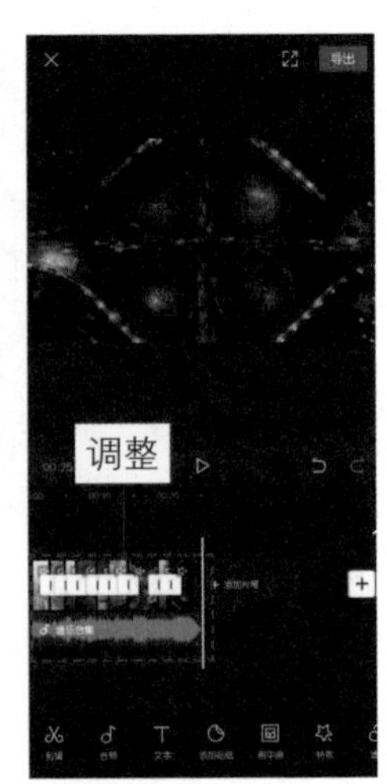

图 14–5 调整视频时长

TIPS 095 港风滤镜：呈现电影大片的色调

为了让视频画面更加贴近电影的色彩，可以为其添加合适的滤镜，并适当进行调节。下面介绍使用剪映 App 为短视频添加滤镜和调节效果的操作方法。

步骤 01 拖曳时间轴至视频的起始位置，点击一级工具栏中的“滤镜”按钮，如图 14–6 所示。

步骤 02 进入“滤镜”界面后，在“复古”选项卡中选择“港风”滤镜效果，如图 14–7 所示。

图 14–6 点击“滤镜”按钮

图 14–7 选择“港风”滤镜效果

步骤 03 点击✓按钮添加滤镜效果，点击“新增调节”按钮，如图 14-8 所示。

步骤 04 进入“调节”界面后，❶ 选择“对比度”选项；❷ 向右拖曳白色圆环滑块，将参数调节至 13，如图 14-9 所示。

图 14-8 点击“新增调节”按钮

图 14-9 调节“对比度”参数

步骤 05 ❶ 选择“色温”选项；❷ 向左拖曳白色圆环滑块，将参数调节至 -17，如图 14-10 所示。

步骤 06 点击✓按钮添加调节效果，调整滤镜轨道和调节轨道的时长，使其与视频时长保持一致，如图 14-11 所示。

图 14-10 调节“色温”参数

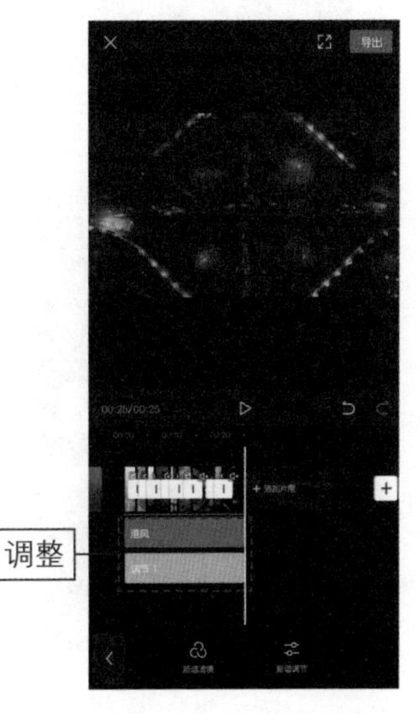

图 14-11 调整滤镜轨道和调节轨道的时长

TIPS 096 故障转场：让画面切换更加自然

为了让视频画面的切换更加自然、流畅，还需要在某些地方添加合适的转场效果。下面介绍使用剪映 App 为短视频添加转场效果的操作方法。

步骤 01 点击按钮返回，找到并点击第 3 个图标，如图 14-12 所示。

步骤 02 进入“转场”界面后，在“特效转场”选项卡中选择“故障”转场效果，如图 14-13 所示。

步骤 03 点击按钮添加转场效果，找到并点击第 7 个图标，如图 14-14 所示。

步骤 04 进入“转场”界面后，❶ 在“基础转场”选项卡中选择“闪黑”转场效果；❷ 拖曳白色圆环滑块，调整转场时长，如图 14-15 所示。

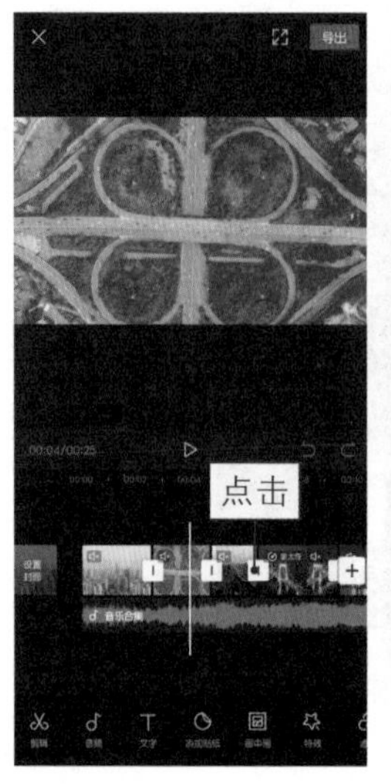

图 14-12 点击相应的图标

图 14-13 选择“故障”转场效果

图 14-14 点击相应的图标

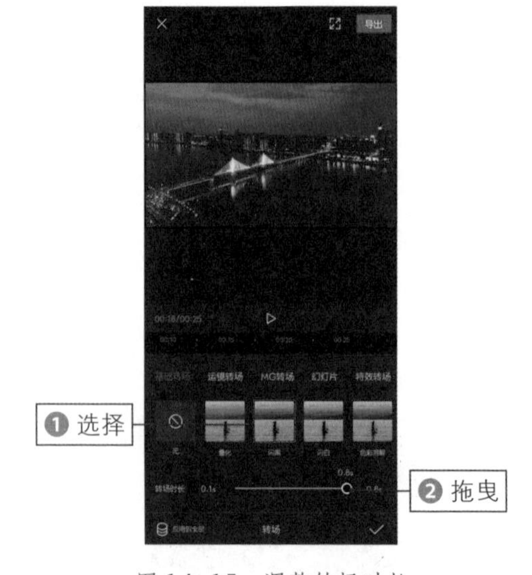

图 14-15 调整转场时长

步骤 05 点击✓按钮添加转场效果，找到并点击第 8 个 I 图标，如图 14-16 所示。

步骤 06 进入“转场”界面后，❶ 在“基础转场”选项卡中选择“闪黑”转场效果；❷ 拖曳白色圆环滑块，调整转场时长，如图 14-17 所示。

图 14-16　点击相应的图标

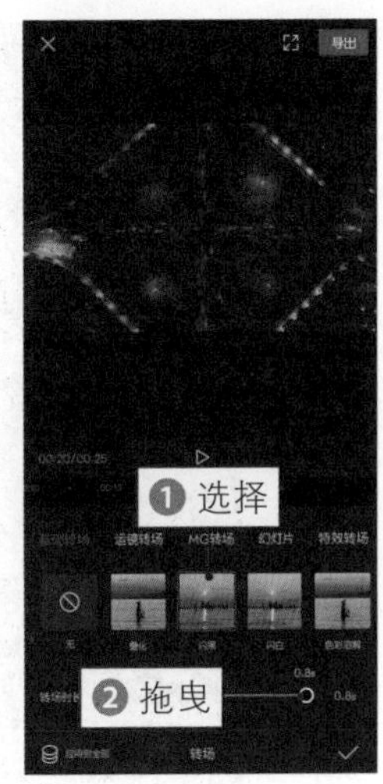

图 14-17　调整转场时长

TIPS 097 电影画幅：让画面构图更加完美

电影画幅特效是电影中常用的一种效果，它可以让画面构图更加完美。下面介绍使用剪映 App 为短视频添加特效的操作方法。

步骤 01 点击✓按钮返回，拖曳时间轴至视频的起始位置，点击“特效”按钮，如图 14-18 所示。

步骤 02 在“基础”选项卡中选择“开幕”特效，如图 14-19 所示。

步骤 03 点击✓按钮添加特效，点击“新增特效”按钮，如图 14-20 所示。

步骤 04 在“基础”选项卡中选择“电影画幅”特效，如图 14-21 所示。

图 14-18　点击“特效”按钮

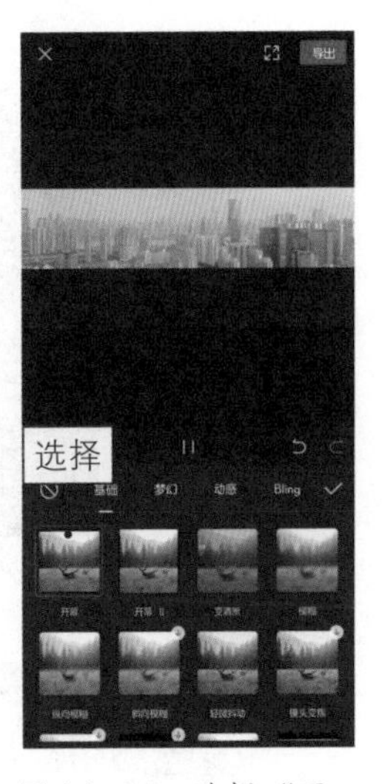

图 14-19　选择“开幕”特效

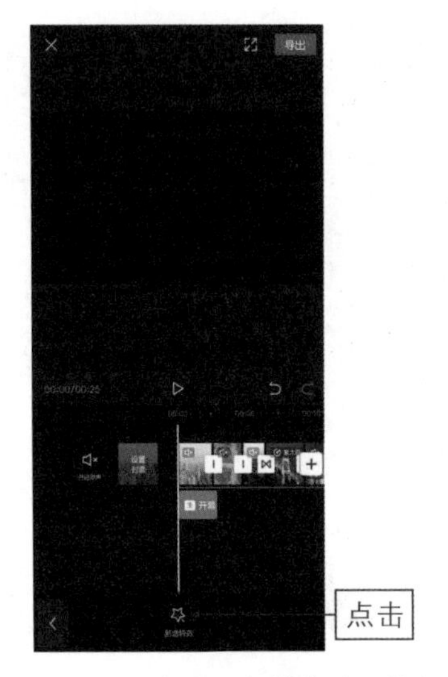

图 14-20 点击“新增特效”按钮

图 14-21 选择“电影画幅”特效

步骤 05 点击✓按钮添加特效，❶ 拖曳时间轴至 13 秒的位置；❷ 点击“新增特效”按钮，如图 14-22 所示。

步骤 06 在“复古”选项卡中选择“电视开机”特效，如图 14-23 所示。

图 14-22 点击“新增特效”按钮

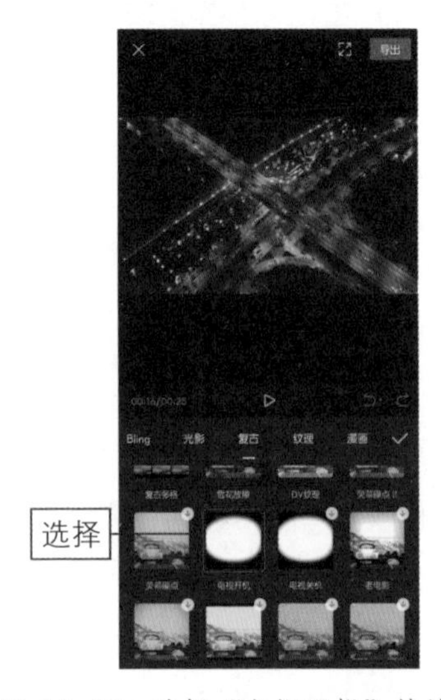

图 14-23 选择“电视开机”特效

步骤 07 点击✓按钮添加特效，适当调整特效的持续时长，如图 14-24 所示。

步骤 08 选择“电影画幅”特效轨道，拖曳右侧的白色拉杆，调整其持续时长，使其与视频轨道的结束位置对齐，如图 14-25 所示。

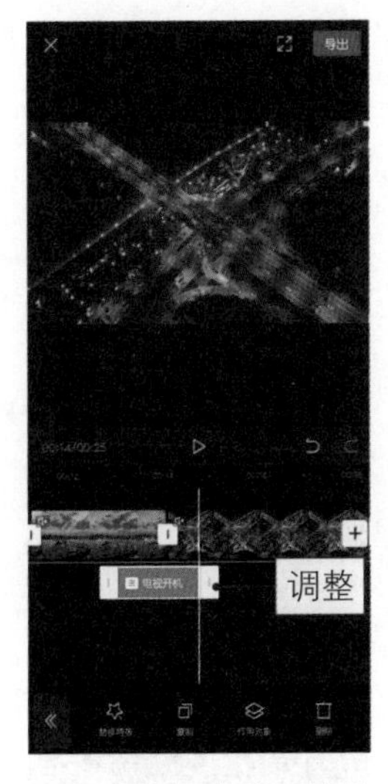

图 14-24　调整特效的持续时长

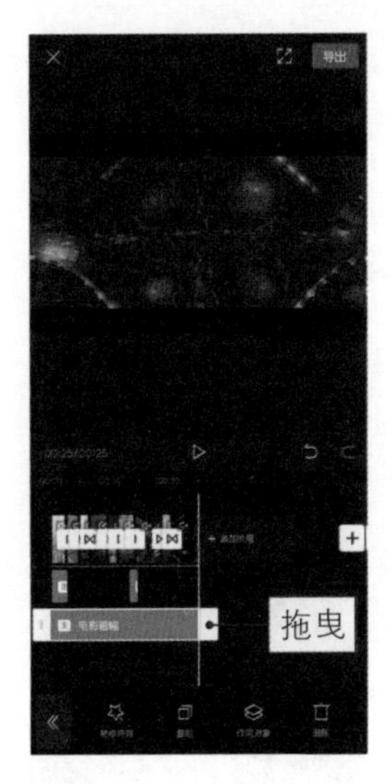

图 14-25　调整“电影画幅”特效的持续时长

TIPS 098　打字机动画：文字缓慢出现效果

打字机动画是电影中常用的一种文字动画。下面介绍使用剪映 App 为短视频添加文字动画效果的操作方法。

步骤 01 点击«按钮返回，拖曳时间轴至 0 秒位置，依次点击工具栏中的“文字”按钮和“新建文本”按钮，如图 14-26 所示。

步骤 02 进入“文字”编辑界面，在文本框中输入相应的文字内容，如图 14-27 所示。

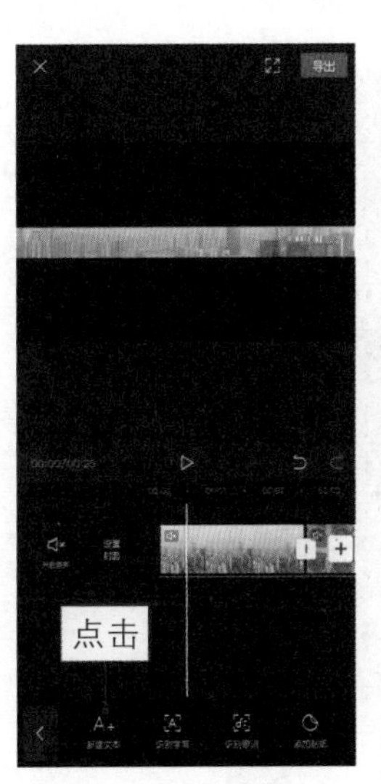

图 14-26　点击“新建文本”按钮

图 14-27　输入相应的文字内容

步骤 03 点击✓按钮确认添加文字，点击“样式”按钮，如图 14–28 所示。

步骤 04 进入“样式”编辑界面后，选择“宋体”字体样式，如图 14–29 所示。

图 14–28　点击“样式”按钮

图 14–29　选择“宋体”字体样式

步骤 05 切换至“描边”选项卡，选择合适的描边颜色，拖曳白色圆环滑块，调整“粗细度”参数，如图 14–30 所示。

步骤 06 切换至“阴影”选项卡，选择合适的阴影颜色，拖曳白色圆环滑块，调整“透明度”参数，如图 14–31 所示。

图 14–30　调整“粗细度”参数

图 14–31　调整“透明度”参数

步骤 07 切换至“动画”选项卡，在“入场动画”中选择“打字机 II”动画效果，如图 14–32 所示。

步骤 08 向右拖曳蓝色的右箭头滑块，适当调整“入场动画”的持续时间，如图 14–33 所示。

图 14–32 选择“打字机 II”动画效果

图 14–33 调整“入场动画”的持续时间

步骤 09 在“出场动画”中选择“展开”动画效果，如图 14–34 所示。

步骤 10 向右拖曳红色的左箭头滑块，适当调整“出场动画”的持续时间，如图 14–35 所示。

图 14–34 选择“展开”动画效果

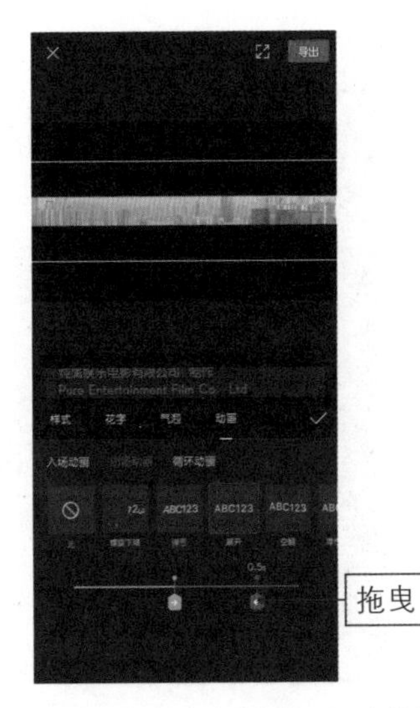

图 14–35 调整“出场动画”的持续时间

步骤 11 点击✓按钮添加文字动画效果，在预览区域调整文字的位置和大小，如图 14–36 所示。

步骤 12 采用同样的操作方法，为其他视频片段添加文字内容和动画效果，如图 14–37 所示。

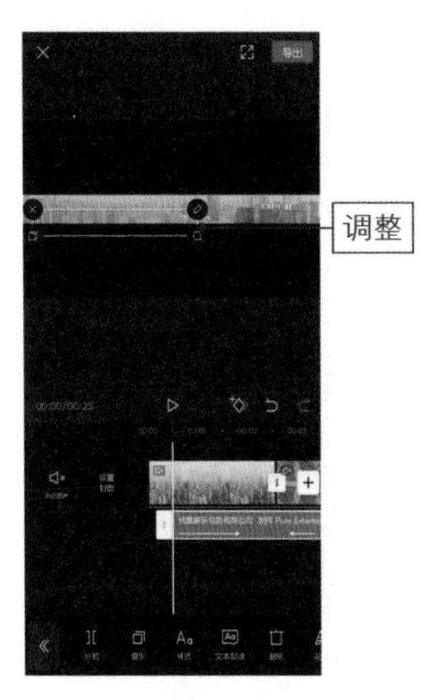

图 14–36　调整文字的位置和大小

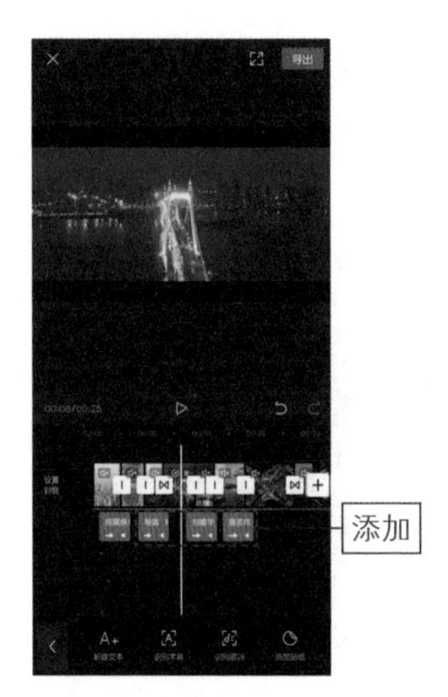

图 14–37　为其他视频添加文字内容和动画效果

步骤 13 ❶ 拖曳时间轴至 21 秒位置；❷ 点击下方工具栏中的“新建文本”按钮，如图 14–38 所示。

步骤 14 执行操作后，在文本框中输入相应的文字内容，如图 14–39 所示。

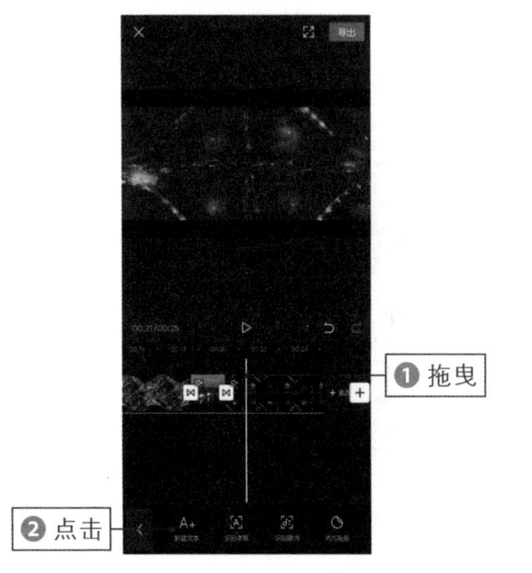

图 14–38　点击“新建文本”按钮

图 14–39　输入相应的文字内容

步骤 15 在预览区域调整文字的位置和大小，如图 14–40 所示。

步骤 16 在"样式"选项卡中选择合适的字体样式，如图 14–41 所示。

图 14–40　调整文字的位置和大小

图 14–41　选择合适的字体样式

步骤 17 切换至"排列"选项卡，拖曳"字间距"选项的白色圆环滑块，调整"字间距"参数，如图 14–42 所示。

步骤 18 切换至"花字"选项卡，选择合适的花字样式，如图 14–43 所示。

图 14–42　调整"字间距"参数

图 14–43　选择合适的花字样式

步骤 19 切换至"动画"选项卡，在"入场动画"中选择"收拢"动画效果，如图 14–44 所示。

步骤 20 向右拖曳蓝色的右箭头滑块，适当调整“入场动画”的持续时间，如图 14-45 所示。

图 14-44 选择“收拢”动画效果

图 14-45 调整“入场动画”的持续时间

步骤 21 在“出场动画”中选择“溶解”动画效果，如图 14-46 所示。

步骤 22 向右拖曳红色的左箭头滑块，适当调整“出场动画”的持续时间，如图 14-47 所示。

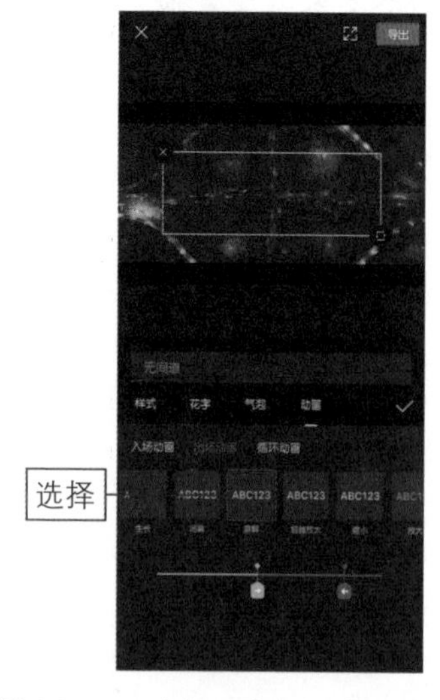

图 14-46 选择“溶解”动画效果

图 14-47 调整“出场动画”的持续时间

步骤 23 点击✓按钮，确认添加动画文字，点击“导出”按钮，导出并预览视频，效果如图 14-48 所示。可以看到《无间道》电影片头的效果。

图 14-48 导出并预览视频效果